Three Steps to the Universe

通向宇宙的三级阶梯

——从太阳到黑洞，再到神秘的暗物质

〔美〕戴维·加芬克尔　〔美〕理查德·加芬克尔　/著

庚君伟　/译

科 学 出 版 社

北 京

图字：01-2012-4220

This is a translation of

Three Steps to the Universe：from the Sun to Black Holes to the Mystery of Dark Matter

By David Garfinkle and Richard Garfinkle

Licensed by The University of Chicago Press，Chicago，Illinois，U. S. A.

图书在版编目(CIP)数据

通向宇宙的三级阶梯：从太阳到黑洞，再到神秘的暗物质/（美）加芬克尔（Garfinkle，D.），（美）加芬克尔（Garfinkle，R.）著；庚君伟译．—北京：科学出版社，2014.6

（混沌沿岸）

ISBN 978-7-03-041253-9

Ⅰ．通…　Ⅱ．①加…　②加…　③庚…　Ⅲ．①宇宙探测-普及读物　Ⅳ．①P159.4-49

中国版本图书馆 CIP 数据核字（2014）第 128658 号

责任编辑：侯俊琳　杨婵娟/责任校对：蒋萍

责任印制：赵　博　/封面设计：可圈可点工作室

科学出版社出版

北京东黄城根北街 16 号

邮政编码：100717

http://www.sciencep.com

天津市新科印刷有限公司印刷

科学出版社发行　各地新华书店经销

*

2014 年 7 月第　一　版　　开本：720×1000　1/16

2024 年 1 月第四次印刷　　印张：19 1/2

字数：227 000

定价：48.00 元

（如有印装质量问题，我社负责调换）

致 谢

我们想要感谢下面这些人：我们的父亲诺顿·加芬克尔（Norton Garfinkle），他是第一个建议我们合作的人。我们的妻子金姆·加芬克尔（Kim Garfinkle）和亚历山大·凯莉（Alessandra Kelley），感谢她们在写作本书期间对我们的宽容（实际上，她们一直包容我们）。亚历山大绘制了书中的示意图。沃纳·以色列（Werner Israel）非常仔细阅读了全部书稿，并提出了很多极有用的建议。加拿大高等研究院“宇宙学和引力”研究项目组成员，每年的年度会议上，他们都会提供天体物理学和宇宙学研究进展中很多有用的信息和深刻的见解。最后，我们要感谢詹妮弗·霍华德（Jennifer Howard）和埃文·德维特（Erin DeWitt）。詹妮弗·霍华德是一个完美的编辑（她是思想开明和“残酷”的完美组合）。埃文·德维特细致地编辑加工让本书通俗易懂。我们得到的帮助远远不止于此。对此，我们感谢万分。

前　言

为什么人们知道明天太阳会照常升起？为什么我们知道日常生活中有很多常识是正确的？比如说，冰上很滑或者用火柴可以点燃燃气炉。

我们看到太阳每天都会东升西落，感受到在冰上行走会打滑，每天都会使用天然气，等等。这都是我们的日常生活经验。但是，我们如何获得那些遥远物体的信息呢？例如，太阳和星星。此外，我们又如何获得那些我们看不见的物体的信息呢？比如物理学家研究的暗物体：黑洞、暗物质和暗能量。我们将通过探寻存在于科学家思维中的三类世界来发现这些物体，即我们看见的世界、我们能够弄清楚的世界，以及我们自认为知道的世界。

路在哪里？

在通向宇宙的旅程中，我们将会探索三类不同的隐喻世界：感知世界、探测世界和理论世界。科学的理解正是建立在这三类世界的相互联系之中。

“感知世界”就是我们每天所经历的一切，包括我们的所见、所听、所闻、所触、所尝，以及带来的相关记忆。我们的思维，大多数时间都沉浸在这个感知世界里。现实中，我们好像是在这个感知世界里生活，然而实际上，我们每天都会多次触及它的边界。

假设你正在用手机给你的朋友打电话。你看着手机键盘，然后按键拨号。很快，你就会听到朋友的声音。在你问“这是如何实现的呢”这个问题之前，这些都是感知世界的一部分。你的朋友在数英里之外，你听到他的声音是因为你耳朵旁的这个“金属塑料盒”。这是怎么回事呢？

要想弄明白究竟是怎么回事，需要知道手机的作用，以及它是如何与你周围的世界发生联系的。朋友的手机会吸收他的声音在周围空气中产生的振动，然后发出振动形式相同的无线电波。无线电波被你的手机接收之后，就会产生相同的振动，于是你就听到了朋友的声音。其实，你听到的并不是你朋友真实的声音，而是手机根据无线电波信号“重建”的复制品。值得注意的是，这里用到了一种我们看不见、听不到、闻不出、摸不着的特殊事物，即无线电波。那么，我们是怎么得知无线电波的存在的呢？又如何证明前面的解释是正确的呢？

我们有一些设备，如手机和其他的无线电接收器，可以产生我们能够察觉到的效应（如朋友的声音或者最喜欢的电台播放的音乐）来反映无线电波的存在。利用这些设备，我们可以将这个世界未被感知到的部分（如无线电波）和已被感知到的部分（如声音）联系起来。像这些我们不能直接意识到它们存在，但是可以通过间接方法（也就是利用设备）证实其的确存在的部分，就是我们所说的“探测世界”。正如我们一直生活在感知世界里一样，我们也一直生活在这个探测世界里。在这三类世界中，我们最不在意的就是探测世界。我们的精力都集中在感知世界里。比如，人们关心得更多的是通过手机听到朋友的声音，而并不关心手机如何传递朋友的声音。

这种对探测世界的不在意，是科学思维和非科学思维之间最大的差别所在。尽管生活在探测世界中，我们还是趋向于将它产生的效果归入感知世界中，这就会导致很多奇怪的想法和错觉。我们盯着电脑屏幕，然后进行各种操作，就好像互联网真的在我们面前。只是大多数人认为的这种真实其实并不存在。互联网是设备、硬件和软件的结合体，它能导致产生“真实”的错觉。互联网中的设备（数以百万计的计算机）之间依靠电话信号和无线电信号进行通信。电话信号和无线电信号的存在依赖于探测世界，并让我们产生对感知世界的感知（如出现在计算机屏幕上的网页）。

探测世界的这种“隐藏”特性，通常被称做“用户友好”(user-friendliness)。所谓“用户友好”，指的是在不需要理解原理的情况下，利用看不见的实际存在的物体的能力。“用户友好”为日常生活带来了很多便利。但是，要想弄清楚这个世界究竟是什么样子的，要想探索我们眼睛看不见、耳朵听不到的世界，就需要跨过“用户友好”这层障碍，然后才能认识到“舒服层面”之外的精彩世界。和其他很多隐藏着的事物一样，我们无法直接看见的世界，总是令人好奇。

不管轻松感知事物背后隐藏着什么，就放弃轻松感知事物所带来的舒适感，听起来可能会让人觉得不太舒服。但比起手机和互联网所带来的便利，探测世界在人们的生活中更加重要。人类思维最强大的力量之一就存在于探测世界中，这就是能辨别出背后真正在发生着什么。比如说，有人摔伤了胳膊。他想知道是不是摔断了，于是就去看医生。医生用X射线进行了检查。医生看着X射线照片，然后说胳膊确实是摔断了，需要打上石膏。摔断的胳膊和X射线照片就是看得见、摸得着的物体。但是，当他想要知道“这是如何实现的”时，一场对感知世界之外的探索就会发生。

X射线设备会发出一类名为X射线的辐射。X射线和可见光很相似，只是波长更短，我们的眼睛看不见它们。和可见光会引起普通相机胶片感光一样，X射线照射在胶片上时也会产生化学反应。冲洗胶片时，被X射线照射到的部分和未被X射线照射到的部分的颜色就会不同。X射线很容易穿透皮肤和肌肉，但要穿过骨骼并不太容易。结果，骨骼在X射线的照射下会在胶片上留下影子。照片被冲洗出来后，这些影子就成了此人和他的医生看到的X射线照片。

前面既介绍了X射线设备能做什么，也介绍了X射线设备不能做什么。X射线照片显示的是足够结实、可以阻挡X射线的物体与X射线可以穿透的物体之间的差别。但如果认为“X射线显示物体内部”这个初步结论是正确的，那么，我们就不会意识到X射线并不能轻易区分两类对X射线都透明的物体，因此也就无法看见它们内部的很多损伤。如果人们知道某种物体是如何工作的，那也就会明白它的局限性，因此，可能就想做得更多。X射线摄影术的实用性和局限性推动了其他检查身体内部方法的发明，比如超声波扫描和核磁共振成像。

前面只是对手机通信和医学上利用X射线进行诊断的简单说明。手机通信更完整的介绍涉及很多细节，比如手机的各个元件是如何工作的；无线电波在空气中是如何传播的；嘴和声带是如何发出声音的；声音在空气中是如何传播的；耳朵又是怎么听到声音的；等等。同样，对医学上利用X射线进行诊断的更完整的说明，包括诊断设备是如何产生X射线的；X射线为什么会让胶片感光；以及为什么骨骼比肌肉更容易阻挡住X射线。

手机和X射线设备都配有使用介绍，甚至产品特点说明书。但人类生来并没有这样的“说明书”。树木、星星、飓风和火山等也没有。那么，我们又怎么得知它们是如何“运转”的呢？知道了它们的“运转”方式后，我们又如何利用它们呢？

简而言之，这正是科学努力的方向，即试图去了解和利用我们周围的世界。这种了解，一部分是由我们感知和探测到的事物组成的——仅仅是一部分而已，剩下的部分就是人类的智力集合，即理论。这个纯智力创造的世界，就是我们所说的三类世界中的最后一类。理论世界将感知世界和探测世界编织在一起，构成了一个清晰的图像。理论有两种不同的功能，这两种功能似乎是相反的：一是整体解释事物是如何运作的，以及为什么能发生；二是作为科学探索的起点，创建新思想和新知识。

现代电流理论与物质的基本结构和能量有关，认为电流是亚原子粒子（电子）的流动。电子会与处在流经路程上的物质发生相互作用。对这个理论更详细的了解已经使科学家和工程师们创造出许多可以用来操纵电子流动的设备，比如电子显微镜和计算机。

电流理论及其应用使得这类设备的出现成为可能。但当用理论指导实验并用它来建造实际的设备时，理论本身也在接受检验。如果在探测世界和感知世界里，实验结果和设备的实际情况与理论预期不相符，电流理论就会受到质疑。当理论受到质疑，就需要依赖于实验。为了检验理论世界，实验需要在探测世界和感知世界里进行。

因此，科学的进程通过理论、探测和感知形成了一个循环。理论能指导探测和感知，感知会对探测结果提出质疑，探测结果可能对理论提出挑战。这个动态的过程是科学最重要的组成部分，同时也是人们最不了解的部分。人们经常谈论理论，同时，观测和探测有时候也会在讨论科学问题时被提及。但是，真正的动力，也就是让科学真正成为科学的动力，是这三类世界之间的相互一致，而这却正是普通大众所不知道的。这并不是因为科学家想要让自己的工作保持神秘，而是因为很多方面都是科学研究中最难解释的。我们打算尽力去做这件事情，因为我们认为这很值得让公众知道。我们认为，科学家和普通大众之间的交流障碍不但是没有必要的，而且已经对科学家和普通大众都造成了一定的损害。

我们希望通过介绍科学研究的方法来建立科学家和普通大众沟通的桥梁。我们也不回避那些在公众的通常印象中，会使非科学家深感畏惧的科学问题。我们还希望从另一个方面缩小科学家与普通大众之间的距离。科学常常令人有一种优越感。对于科学问题，人们有一种崇尚权威的倾向。向普通大众展示科学家是如何工作的，可以揭开科学研究中普遍存在的这层神秘面纱。更夸张地说，我们希望做些可以弥合普通大众和科学家之间鸿沟的事情。请记住，本书由习惯构想宇宙的科幻作家和习惯分拆宇宙的相对论教授合作完成。“大言不惭”是我们共同的缺点（这种廉价的幽默，本书中还有很多）。更理智地说，我们将会在这个鸿沟之间建立更好的沟通，引出更好的笑话。

那么，为什么要尽最大的努力在这个鸿沟上“架桥”呢？为什么我们——包括科学家——不能简单地舍弃可探测的世界和理论世界，而仅仅生活在一个我们看得见、尝得到、摸得着的真实的、可感知的世界呢？好吧，请往下看……

马克·吐温、阿尔伯特·爱因斯坦和真相

科学有很多令人着迷之处。我们只是对想要了解的真相进行了小小的投资，就有大量的猜想作为回报。

——马克·吐温

我是依靠想象力任意创作的艺术家。想象力比知识更重要。知识是有限的，而想象力则可以环绕世界。

——阿尔伯特·爱因斯坦

马克·吐温当然是一位富有敏锐洞察力的幽默大师，他能将“令人不舒服”的想法具体化为讽刺性的语言。他认为科学家应该跟着事实走，而不是杜撰奇异的理论和痴迷于疯狂的推测。爱因斯坦的观点好像与马克·吐温的观点相反。爱因斯坦认为，天马行空的想象力比与真相有关的知识更重要。但是，知识与想象力之间的鸿沟，本身就是个错觉。作家认为，真相是想象的基础；科学家则认为，想象会揭示真相。

让我们只考虑马克·吐温的评论的表面价值，因为这只对文学作品中最吝啬的守财奴是公平的。为什么在科学研究中我们不能仅遵守事实呢？首先，值得注意的是，在科学研究中有两类事实，这点很重要。一类直接来自于我们的感觉（感知世界），另一类则来自实验仪器的测量结果（探测世界）。当植物学家去数

豆荚里豌豆的数目，这个数目就是感知世界的一部分。当微生物学家用显微镜去测量细菌的长度，这则属于探测世界的一部分。

刚开始时，我们可能对接受第二个世界（探测世界）感到很高兴，但现在，可能会感到不安。我们怎么知道显微镜显示的究竟是什么？我们又怎么能确定所测量到的与直接感知到的一样呢？难道我们不需要一些解释仪器是如何工作的理论吗？我们为什么会相信这些理论呢？我们又如何去避免“探测验证了理论的正确性，理论解释了探测的正确性”的循环论证呢？如果我们感觉之外的两个世界都有这些问题，为什么我们不能仅仅存在于感知世界里？其实我们可以，只要我们只想回答某类特定的问题，比如“你能看到天上那颗星星有多亮吗”，而不是“为什么它会如此之亮”或者“它究竟是什么”之类的问题。不知道这些问题的答案，我们同样能生活。我们也能接受感知的局限性，并继续简单地生存在这个感知世界里。

至少，我们可以选择不去回答它们，但人类好奇的天性却不允许我们如此。对于大多数人而言，“想要了解更多”的愿望太大了，无法被忽略。这种愿望可能仅仅只是“爱打听”而已。你可能很想知道邻居关上门之后正在做什么，或者想知道环球旅行中会发生什么。这样，就有了流言蜚语（以及比它更系统的“表兄弟”，即新闻媒体）。流言蜚语既不是直接的感知也不是确定无疑的事实。但是人们这种“想知道”的愿望已经非常普遍，足够支持所有的报纸、杂志、电视和互联网生存。这些媒介提供了没完没了的报道。

探索未知的诱惑力是如此之大，使一些研究自我心理约束的老师集中大量精力研究“不去观察”的艺术（对此类研究的讨论，不同的作者在不同的书中均有涉及）。但这也仅仅是通过让好奇心“摆脱缰绳，自由飞翔”而获得知识的增长。如果换用一种受过训练的、专业的方式去探索未知，得到结论，并用这种方式确保已知的资料得到证实，那么，这就是科学。这是科学的另外一种定义：专业“爱管闲事”。科学家严谨地使用并检验理论，利用可靠的仪器设备来探索未知世界。利用科学仪器就可以进入探测世界。通过合适的硬件（和软件，因为很多工具就是人类的思维），我们不但深入到了双手无法触及的世界，踏进了双脚无法到达的世界，而且探测到了感觉不到的世界。但是，为了探索未知世界，我们必须要知道这些工具是如何工作的，以及在什么情况下它们的测量结果是可信的。

以显微镜作为突破人类先天不足的标准工具为例。以下是“显微镜究竟是什么”和“生物学家为什么使用显微镜”的标准解释：小于肉眼分辨极限的物体，在没有仪器帮助的情况下，肉眼是无法直接看到它们的。此类物体中就包括与许多疾病有关的细菌和病毒。除此之外，所有生物都是由细胞构成的，因此，了解细胞的功能是理解生物体工作方式的关键所在。我们对生物体最基本的了解依赖于那些小到肉眼无法直接观察到的物体，然而，显微镜解决了这个问题，让我们看见了肉眼看不见的情形。也许正因为如此，科学家才会变得很谨慎。

对于虽然也很小，但又不至于小到肉眼无法直接观察到的物体，我们可以拿裸眼直接观察到的结果和通过显微镜观察到的结果进行比较。结果表明，显微镜可以将微小物体的图像放大。当观察只能用显微镜才能看见的物体时，我们就会假设显微镜给出的是这个微小物体的放大图像。然而，事情并不是如此简单。显微镜中的图像会因为镜头上有灰尘或者载玻片上有番茄酱而受损失真。为了弄清楚引起图像失真的可能原因，就有必要明白显微镜的工作原理。在正确使用仪器之前，我们首先要对仪器有很好的了解。为了理解仪器的工作原理，我们就会再次丧失“用户友好”的属性体验。

显微镜的例子对于后续章节中所要讨论到的对象而言，并不是十分合适的。显微镜其实就是将镜头组合在一起以便观察眼睛看不见的微小物体的仪器。这和望远镜很相似。望远镜是利用镜头的组合来观测遥远的物体的仪器。望远镜是我们遥望头顶广阔深邃的宇宙时经常谈论到的观测工具。因此，望远镜的标准解释与显微镜类似：绝大多数天体非常遥远，人们无法用裸眼直接看见它们。望远镜可以聚集更多来自遥望天体的光，放大天体的图像，并提高图像的分辨率。

和显微镜一样，望远镜的图像也有可能失真。导致失真的原因可能是磨制目镜或者物镜时存在缺陷，也可能是目镜和物镜本身的性质造成的。毕竟，镜头都有自己的光学特性和结构特性，这就可能影响我们看见的图像。天文学中，一些失真有自己的名称：色差和球差。色差是因镜头对不同颜色的光有不同的弯曲程度而产生的，球差描述的是最简单的圆镜产生轻微失真的图形的趋势。只要知道了可能出现错误的来源及这些来源的性质，科学家就可以消除那些可以被消除的错误，同时修正那些不能被消除的错误。

望远镜和显微镜呈现的是感知世界极限的一个方面：裸眼的分辨率。比起其他类型的感知，我们更依赖于眼睛所看见的，但这种视觉感知的局限性更加极端，是多方面的，而不仅仅是受简单的分辨率限制。可见光只是宽广的电磁波谱中一个很窄的范围。所有的电磁波都可以看作是光，它们与普通的可见光之间的区别仅仅是波长不一样。“波长”是一个由类比得到的词。当我们观察水的波动时，波长就是一系列海洋波中两个相邻的海浪最高点之间的距离。光是电和磁的现象（后文有详细介绍）。对于光而言，波长就是两个相邻的电场最高点之间的距离（后文也有详细介绍）。更实际点说，光的波长就是光的颜色。我们看见的不同的颜色代表不同的波长。

电磁波谱可以用一个代表不同波长的数轴来表示。在可见光区域，我们看见的颜色是连续分布的，因为波长不同的可见光在我们的视觉系统里呈现出的是不同的颜色。其他波长的电磁波都有名称：比可见光波长更长的是射电波、微波和红外线；比可见光波长更短的有紫外线、X 射线和伽马（γ）射线。它们都是我们看不见的光。每种光都有相应的用途，而且都有相应的探测仪器来探测它们。如果只局限于我们能感知到的一些事实，那就永远也不能观测到我们眼睛无法分辨的波长范围。

利用仪器才能探测到我们原来感知不到的世界，并把眼睛看不见的转化成我们能够看得见的。只有这样，我们才能把目光延伸到广大的不可见的波段范围。据说诗歌就是在我们将眼睛看不见的部分转化为眼睛看得见的部分的过程中遗失的那部分。毫无疑问，我们永远也无法在某些潜在的视觉艺术领域进行艺术创造。因为，我们无法直接看见 X 射线波段的天空或者生物体发出的红外线辐射。对于诗歌而言这是损失，对于科学而言则不是，因为我们可以建造 X 射线望远镜和对红外线敏感的仪器。通过探测，我们能间接得知那里究竟在发生着什么。

回到事实。明白了自身的局限性和探测仪器的益处之后，我们就会有了解探测世界的需求，因为我们只能间接得知这些事实。在成为理论之前，我们可能想要尽量与事实保持一致。有两个原因使得这种想法并不可行。一是，探测器中各种各样的瑕疵（如显微镜载玻片上的番茄酱或者望远镜镜片的球差）会导致我们接收到的信息出现失真。用科学术语来说，探测器所探测到的既有信号又有噪声。为了准确测量，我们首先必须要弄清楚产生噪声的原因，然后作相应的修正。这就需要有相应的理论来解释探测器是如何工作的。二是，即便用最好的仪器或探测器，我们也只能测量我们想要理解的那部分信息。在仪器的局限性和自然规律之间，我们能弄清楚的非常有限。对于遥远的天体，这种限制尤其明显。例如，目前我们只能确定太阳系中其他行星的存在，但还无法得知这些地外行星的地表究竟是什么状态（假设它们都有地表——虽然发现的大多数地外行星是气态巨行星）。

对于我们无法直接测量的物体，如感知世界和探测世界中未知的部分，我们能做哪些工作呢？我们用理论来填补“漏洞”。为了将感知、探测、理论这三种世界组成一个整体，我们需要一些与完整体系有关的理论。这些理论要尽可能的简洁、自洽，这就要求人们在创立理论时要尽量简单，同时还要与我们感知和探测的结果一致。

简洁性主要是从方便人们理解的角度出发的。创作出富有想象力、看起来既完美又辉煌，还能抓住科学家的心的故事可能很容易。人们很难放弃这些简洁、完美的理论（和人们很难舍弃任何美丽的物体是同样的道理）。但是，一个科学的理论中必定含有一些会被它的创立者和使用者舍弃的内容，必定有些内容会受到质疑，如果质疑成功，这部分内容就会被抛弃。如果过于依赖某个理论，人们就会背离科学真正的目的：建立理论解释事实，而且所建立的理论不但要能准确预测未来将发生的事情，还要让科学家建造能按照所期望的方式工作的仪器。建立理论时的简洁性要求，让人们的思想中避免了很多不必要的附属物而成为壮观的理论——需要强调的是，有些人已经喜欢上了简洁性，尽管如此，也要谨慎运用简洁性要求。

从实践的角度讲，科学的理论应该预言我们能测量的一些效应。当对这些效应的测量结果与理论预言一致时，会证实或者至少支持这些科学理论。技术的进步会带来更先进的仪器，更好的仪器测量会使结果更精确。因此，对理论的证实或者否定是一个持续不断的过程。如果实验结果和理论预言一致，我们就会对理论更有信心。如果实验结果和理论预言不一致——而且，我们能确信实验的设计和操作都是正确的——那么，就该去寻找一个更好的理论。探测世界和理论世界之间的分界线是变化的。那些目前无法探测到的物体在将来就可能变得可探测到。有时候有些物体，如无线电波，前天还不能直接被看见，到昨天就可以了，到今天就得到了大规模的应用。

无论多努力，想要独自生活在这个事实的世界，都是徒劳的。因为，我们生活在一个三类世界中。感知世界、探测世界和理论世界都是建立在用我们的思维所认识到的基础之上的。每部分科学都由这三个步骤通向这些世界：从观察到探测，再到理论。每个步骤，往前是理解物质世界重要组成部分，往后则组成了我们对生活的理解部分。

通常的教科书对科学的介绍都强调假设和实验，但并不去区分那些可以直接被感知到的实验和那些不能被直接感知到的实验。一条假设，只是对人们想法的暂时支持，如果得到实验的证实，它就会变成事实，但如果被实验证伪，它就会被抛弃。我们想要说明的是，“测量”和“理论”比教科书中的“假设”在科学中有更深刻的内涵和更重要的作用。本书将主要讨论天文学中的一些话题，虽然主要对象是天文学，但是在必要的时候，我们也会讨论其他学科，因为学科之间是相互联系的。某门学科的观察过程、探测结果和理论研究常常会为解决其他学科中的难题起到借鉴作用。

科学史上一些最伟大的发现往往是在统一一些看似完全不同的现象中发现的。苏格兰物理学家和数学家詹姆斯·克拉克·麦克斯韦（James Clerk Maxwell，1831～1879）建立电、光和磁的统一理论，不但有精彩的思辨，还有惊人的实验结果。麦克斯韦创立的电磁理论是我们现在很多技术的理论基础。他最伟大的工作可以写成四行，那就是麦克斯韦方程组[①]。正因为有了麦克斯韦方程组，我们才有了发电机、收音机、电视及其他的电磁设备。从科学的角度讲，这种内在的相互联系有着更实际的应用。如果你和我同时在研究同一个物体的不同方面，你开发出了一种能看得更远的仪器，我也开发出了一种能听得更清楚的仪器，那

① 真空中的麦克斯韦方程组为

$$\nabla \cdot D=\rho$$

$$\nabla \times H-\frac{\partial D}{\partial t}=J$$

$$\nabla \times E+\frac{\partial B}{\partial t}=0$$

$$\nabla \cdot B=0$$

其中，D 为电位移矢量，ρ 为空间某处的电荷密度，H 为磁场强度，J 为电流密度矢量，E 为电场强度，B 为磁感应强度。——译者注

么，就像少儿电视节目里说的那样，我们可以相互合作。就研究对象而言，天文学是一门很棘手的学科，也是一门在前文提到过的从“相互合作”中获益颇多的学科。很多学科中，人们都能直接对实验对象进行操作，并观察实验对象的反应。我们可以在试管中进行化学反应、解剖青蛙或者测量重物下落所需的时间。但在天文学上，对研究对象进行类似的操作则受到了很大限制，天文学的研究对象绝大部分是我们只能进行被动观测的遥远天体。这是实际情况，尽管空间探索已经取得了空前的成功。1972 年发射的“先驱者 10 号”飞船已经飞过了 80 亿英里（约 129 亿公里），但这还不到太阳与最近的恒星之间距离的 1/3000。哈勃空间望远镜在距离地表约 375 英里（约 604 公里）的轨道上观测目前已知的宇宙中最遥远的天体。哈勃空间望远镜有着极好的清晰度完全是因为它在地球大气层之外。除了我们自己所在的太阳系，天文学对其他天体的研究只能通过观测，无法前往。天文学依靠理论世界去填补我们少量的观测所带来的不足。的确，很多天体只能通过间接的方法来研究，它们的存在可以通过它们产生的观测效应来推测得知。

这种间接性对于两类天体而言是最准确的：黑洞和暗物质。黑洞是一类引力极强的天体，连光都无法从黑洞里逃逸出来。这也就是我们无法直接看见黑洞的原因。暗物质不发光，但可以通过它产生的引力效应来推测它的存在。这种“真实存在但看不见”的性质让黑洞和暗物质充满了神秘感。黑洞、暗物质和更难探测的暗能量是我们将要深入讨论的对象，并通过对它们的讨论来了解科学研究中的间接研究方法。

如果认为只有这类暗天体才需要用间接方法进行探索，那就错了。很多其他我们认为并不很神秘的天体，也只能通过间接方法去研究。以太阳的内部结构为例，我们看见的太阳光来自于太阳表面，但我们无法看见太阳的内部。因为无法制造出能够承受太阳高温的空间探测器来直接探测太阳的中心，而太阳中心是它产生能源的地方。因此，我们对太阳是如何辐射能量的这样一个最基本的事实的理解，依赖于我们无法直接看到的太阳内部区域。我们必须通过理论和观测去得到有关太阳的内部结构的信息。

在第一部分内容中，我们将会详细回顾目前对太阳的了解。此外，还会介绍两个争论，一个争论在演化理论刚诞生时，就威胁要“消灭”演化理论；另一个则是困扰了天文学家和物理学家几十年的难题，直到前几年才解决。

一旦有了太阳的知识作为“预热”（很抱歉这么说），我们就会接着介绍黑洞。黑洞是爱因斯坦的广义相对论预言的一种天体。从某种意义上说，黑洞是自然界中最简单的天体。黑洞也是其他有关恒星演化行为理论的自然产物，特别是大质量恒星演化的最终归宿。黑洞的很多间接观测来自于其周围的恒星和气体。与这些观测相关的主要有两类黑洞：恒星级黑洞和超大质量黑洞。恒星级黑洞的质量只是太阳质量的几倍。超大质量黑洞位于星系中心，质量是几百万到几十亿个太阳的质量。第三部分内容会介绍暗物质和暗能量的研究。暗物质和暗能量比黑洞更难探测到。此外，我们还会介绍如何利用引力效应来推测看不见的物体的存在。

最后，我们会回过头来，将我们从天文学和对科学的理解拉回到地球。我们会通过对不同学科的介绍，将我们的日常生活与这三类世界的知识联系在一起。马克·吐温的话之所以很有趣，是因为人们有这样一个普遍的看法：科学仅仅只是事实。然而，这并不是科学家对他们所从事的工作持有的态度。某种意义上来说，帐篷里，马戏团在表演时，演员们说着不同的语言，就像生活在与身边的感知世界完全不同的世界里。那么，帐篷里就是一个喧闹和混乱的“世界”。然而，让我们先来看看日出吧。

目录

回 到 地 球

第1级阶梯

太阳

第 1 章　看得见却摸不着

我们每个人都会有属于自己的感知世界，它是通过每个人的感知系统领悟周围的生活环境和生活经历，从而形成的个性化的感知世界。比如，高瞻远瞩的人和目光短浅的人对周围世界的感知就会不一样。但是，不同的感知世界之间最主要的区别在于感受者位置的不同。

在感知世界里，有两类物体是可以分辨的。第一类是那些我们看得见、听得到、也许还能闻得着的，离我们较远的物体；第二类是那些我们能直接触摸，能感知它们存在的，离我们较近的物体。要分辨某个物体属于第一类还是第二类，取决于我们的位置和物体所在位置之间的关系。比如，远处的高山属于第一类物体，而当我们站在山上时，此时的山就属于第二类物体。同样，电视节目里的飓风完全不同于在附近肆虐的飓风。

满天的星星就属于第一类物体，我们只能远远地观察但无法触摸。但这种依赖于触觉的二分法，有个很重要的例外：太阳。太阳离我们既不是太近，也不是太远，它和我们有着最密切、最直接的联系。太阳光照在我们身上，温暖着我们，有时候还可能晒伤我们。白天，有太阳的时候，我们会感受到阳光的温暖；晚上，没有太阳时，我们会感觉到黑夜的寒冷。尽管太阳在我们的日常生活中处于主导地位，尽管它的光芒耀眼夺目并且温暖着我们的肌肤，但是，它对我们是可望而不可即的。然而，耀眼的光芒，驱使科学必须去了解太阳。如果不了解太阳，就不能说我们了解周围的世界，但遥远的距离加剧了我们弄清楚太阳性质的难度。

为了了解太阳，古代的学者们用各自的方式对太阳进行观测。假设我们处在古代学者们的感知世界中。对于太阳，我们知道的比我们看见的要少得多。不难想象，将古时的观测转化成对太阳的了解，其程度将会如何。我们可以从所感知的太阳和所关心的方面开始。我们看见太阳的光，看见它每天从东方升起，在西方落下。我们能感觉到它的温暖，还能感觉到这种温暖和白天的长度变化随着太阳的运动以年为周期重复地出现。

经验告诉我们，太阳运动和四季变换是紧密相关的。历史上，人类大部分时间计量与此有关，而且人们很快就学会了如何运用，但人们并不明白其中的原因，因为缺少揭示这种周年变化现象所需要的观测仪器。我们的祖先在有限的事实基础上创造了复杂的理论。这些复杂的理论，本质上不属于科学，主要是宗教和神话，是为宗教目的服务的。然而，本章的目的不是要深入探讨与太阳有关的神话故事，更多的是想寻找这些神话背后隐藏着什么，努力去探测太阳的各个方面，并弄明白这些探测结果是如何被总结并转化为我们如今所了解的太阳理论的。

太阳的光、热和运动是我们能直接观测到的最明显的三个方面。几个世纪以来，运动是天文学理论和观测的基础。天文学家和其他人都想知道星星在天空中是如何运动的，他们都着迷于太阳的运行和行星在运动时出现的顺行和逆行现象。古代的观天者，对太阳和行星的运动有很精确的记录，并发展出了一套理论来解释太阳和行星的运动。这些理论的追随者和古希腊人都坚信：天上所有星星的运动轨迹都是一个完美的圆。为了支持这个理论，他们为太阳系建立了一个十分复杂的模型。太阳和行星在圆形轨道上围绕地球运动。为了和实际观测一致，他们在这些圆形轨道上又叠加一个又一个小圆轨道，整个体系十分复杂。

天体运动的这种“圆轨道”的观点，直到16、17世纪才被波兰天文学家尼古拉斯·哥白尼（Nicholas Copernicus）和意大利天文学家、物理学家伽利略·伽利雷（Galileo Galilee）彻底改变。哥白尼提出，地球绕着自己的自转轴转动，同时围绕太阳公转，其他行星也同样围绕太阳公转。现在看来，哥白尼的模型似乎是显而易见的：天空中最明显的移动，莫过于所有的星星每天都“围绕”地球运动一周。在哥白尼的模型中，所有星星的运动都有相同的原因：地球在自转。但是，这个简单的解释却付出了代价。我们是在美国的北部纬度较高的地方写下这些文字的，地球在自转意味着我们在写作时是以770英里/小时（约1240公里/小时）的速度在运动，但我们却丝毫没有感觉。而在哥白尼时代，要让人们相信自己一直以如此高的速度在运动但却丝毫察觉不到，是相当荒唐的。这个难题需要用一个与爱因斯坦有关的原理，即相对性原理来解决。爱因斯坦把相对性原理归因于伽利略。相对性原理的意思是说，我们能察觉到的是相对运动，而不是绝对运动。也就是说，我们能察觉到的是速度之间的差异或者速度的变化，而不是速度本身。当我们乘汽车以70英里/小时（约113公里/小时）的速度行驶时，我们可以看到相对于路面的运动，可以感觉到相对于空气运动而产生的风。当我们在写这些内容的时候，桌子、椅子和房间等都在以相同的速度，即 770 英里/小时（约 1240 公里/小时）的速度在运动：因为和它们没有相对运动，所以我们感觉不到。

哥白尼模型后来进一步从观测和理论两个方面被提炼和完善。首先是丹麦天文学家第谷·布拉赫（Tycho Brahe，1546～1601）。他是用观测去研究宇宙的最伟大的倡导者之一，这并不意味着我们必须去了解他。丹麦国王曾经为了劝说第谷不要去德国，而赠予他一个岛屿。在德国，第谷创建了自己的天文台（包括一台用来打印和装订手稿的印刷机，这也使得第谷成为“作者自付出版费用”的先驱）。传言说，第谷并不是个友善的人，他像独裁者一样控制着他的领域。第谷数十年一直坚持刻苦地观测太阳和行星的位置（也让他的助手们一直在辛勤地记录）。他积累的观测数据的精度在当时是前所未有的。

他的助手之一，约翰尼斯·开普勒（Johannes Kepler）仔细梳理并分析了他的数据，意识到行星的运动不是正圆形的。开普勒的工作是要从大量辛勤记录的、乏味的数字里提炼出最简单、最完美的理论。开普勒经过数十年的观测和分析，终于总结出了行星运动三大定律。

开普勒第一定律说的是，行星在椭圆轨道上围绕太阳运动。行星的运动轨道从古代的圆轨道变化到开普勒第一定律的椭圆轨道，这种变化可能不太明显，因为椭圆是一个被拉长了的圆。“圆的几何典雅、优美”的观点流行了 2000 多年。毕竟，理论上认为天就是天堂，天堂是完美无缺的，圆也是完美的，因此，天应该由圆构成。这是理论的“附属物”的早期例子，即已经知道某种观点不合理，但还是不愿抛弃这种观点。开普勒对这种观点的挑战，是不可思议的理论创新。

开普勒第二定律说的是，行星在轨道上运动的速度并不是保持不变的，而是越接近太阳，运动速度就越大。

开普勒第三定律则给出了行星轨道大小和公转周期之间的关系。

开普勒的方法有两个步骤：观测决定了哪些是可以测量的，然后从测量数据提炼、分析后上升为理论。这是所有科学探索中最重要的过程，现在依然如此。尽管现代的科学家有计算机的帮助，但仍然需要用思维去将数据转化为理论，并对理论进行检验。在某些方面，这个工作的难度在今天可能更大：像“人类基因组计划”（Human Genome Project）、“斯隆数字巡天”（Sloan Digital Sky Survey，SDSS）等大型实验项目的探测设备，它们的效率非常高，能在短时间内迅速产生海量数据。目前人们已经可以对这些海量数据进行分析研究，以便弄清楚数据背后的含义。“信息过载”一度是科学家才会遇到的一种现象。但现在，任何人只要在互联网上搜索一下，就能发现上百万个可能包含所需信息的网页，更严重的是，这些信息会被更多的网站传播出去。由此可见，对数据进行分析、综合是一件多么令人头疼的事情。

后来，艾萨克·牛顿（Isaac Newton）在开普勒定律（和其他工作）的基础上建立了他自己关于运动的理论，即万有引力理论，来计算和预测物体的运动。后面还会有关于牛顿的更详细的介绍。牛顿的工作使得天文学对天体运动的研究热情有所下降，并转向了对天体性质和天文观测数据的研究。以前，天文学家主要关心星星的运动，近代（运动问题基本解决之后）主要关心的是太阳和其他恒星的光和热，以及研究光和热的来源。对这两个问题的研究构成了现代太阳和恒星天文学最重要的部分。因此，天文学研究的焦点从天体的运动转移到了恒星的能源和演化上。

如果想要了解科学史，这类突然的变化就值得关注。新理论、新探测设备或者实验室中创造新事物的能力就可能使科学研究的兴趣和注意力发生转移。如果，曾经很难探测或者不可能探测的物体（如细胞的内部结构）变得很容易探测（多亏显微镜技术的进步），那么，原先处在科学研究前沿领域的问题，如今就可能变成普通的研究，甚至会变成未来某个完全不同的前沿领域问题研究中的基础性工作。仍然以显微镜为例。染色体和DNA编码（详见最后一章的简单讨论）的发现使得生物化学的研究兴趣发生了根本变化，推动了“人类基因组计划”的研究，并且几乎所有的生物学家立刻就转向了相关的研究。

现在，让我们回到天空。

古代的天文学家很少问：太阳来自哪里？又将去往何处？他们认为太阳是永恒的，至少也是足够神圣的，只有别的神才能将太阳杀死。现在，我们知道了太阳的一生：诞生、童年、成年、老年和死亡。太阳的一生经历的时间非常长，人的一生，甚至地球上所有生命存在的时间，比起太阳的一生来说，实在是微不足道。尽管如此，太阳也有诞生、成长和死亡。

现在我们知道，太阳的诞生、成长和死亡等过程，以及光和热的来源都是同一个物理过程的结果：核聚变反应。核聚变反应是最近几十年才在地球上实现的一个很有用的反应过程。以学习和研究太阳为目的，对核聚变反应堆和氢弹的研究让科学家弄清楚了在太阳的核心正在发生着什么。

首先，我们从大量的观测和计算中得到了一些关键的数据。在此，我们就简单介绍这些有用的数据。太阳离我们大约150 000 000公里（即93 000 000英里），它的质量大约为1 990 000 000 000 000 000 000 000 000 000千克，表面温度约为5800开尔文（高于绝对零度的摄氏温度值），核心温度约为15 500 000开尔文，输出功率大约为400 000 000 000 000 000 000 000 000瓦特①。这些数据是十分巨大的。因此，对于这类大得无法想象的数字，人们用“天文数字”来形容它们。使用这些不熟悉的天文数字时，有三种处理方法：用科学计数法表示、使用特殊单位，以及问这样一个问题：“他们是如何得到的？”

科学计数法是用10的幂指数来表示数字的方法，比如$10^1=10$，$10^2=100$，$10^3=1000$，等等。因此，我们可以将地球与太阳的距离写成1.5×10^8公里，太阳的质量为1.99×10^{30}千克，功率为4×10^{26}瓦特。用科学计数法表示的数字，虽然没有改变这些令人难以置信的数据本身，但使得它们看起来小了，使用起来也更方便了。

使用特殊单位是度量距离、质量和时间等量的简单方法，会让系统中所研究的数据更加易于处理。我们每天使用的单位（英里、公里、磅、千克等）在日常生活中是合适的，但用在恒星尺度上就不方便了。天文学家定义“天文单位”（AU）为太阳和地球之间的平均距离（$1AU=1.5\times10^8$公里）。对于讨论太阳系而言，使用天文单位是很方便的。太阳和地球之间的距离是1 AU，火星与太阳的平均距离约为1.5 AU，木星与太阳的平均距离约为5.2 AU，甚至冥王星也只有约40 AU（这个距离与它在椭圆

① 为了对功率的单位“瓦特”有个了解，可以取1个月的电费清单，从中找到标有“千瓦时”的数据，然后用这个数字除以1个月的小时数，即720个小时，然后再乘以1000。将得到的结果和太阳的功率比较，就会发现它是极其微小的。

轨道上的位置有关）。同样，天文学家定义“太阳质量”为太阳的质量值，“太阳光度”为太阳的光度值。研究表明，太阳是一颗典型的恒星。因此，在讨论恒星的性质时，用太阳质量和太阳光度为单位就十分方便。比如，恒星天狼星 A 的质量为太阳质量的 2.2 倍，光度为太阳光度的 23.5 倍。

详细的原因将在后面介绍。可以很方便地描述恒星之间距离的单位是“秒差距”（1 秒差距约为 3.1×10^{13} 公里，这并不是为电影《星际迷航》而编造的）。可以很方便地描述星系大小的单位是“千秒差距”（1000 秒差距），可以很方便地描述星系之间的距离的单位是“百万秒差距”（100 万秒差距）。用这些单位度量，最近的恒星半人马座的比邻星离我们的距离为 1.3 秒差距，仙女座星系离我们的距离为 0.77 百万秒差距。

对于问题“他们是如何得到的”和这个问题的回答，我们有了比简单使用科学计数法和特殊单位来处理巨大的天文数字更复杂但最终更值得的方法。这个问题是理解科学的关键所在，将会在全书中频繁提到。

天文学家是如何得到天体的距离、质量和光度等数值的呢？这些数值都是观测得到的结果吗？如果是，观测中用到了哪些仪器，这些仪器是如何工作的？得到这些数值的时候，用到过理论研究吗？如果是，那用到的是什么理论，它的正确性又如何呢？针对前文没有提及的数据，我们将会回答这些问题。

我们从天文单位（AU），即太阳和地球之间的距离开始。从几何学和光学方面来考虑，测量太阳系中天体之间的相对距离要比测量绝对距离更容易。以金星为例，金星比地球离太阳更近，在天空中，金星经常出现在离太阳不太远的地方。这也是金星又被称为“晨星”和“昏星”的原因。太阳落山不久之后，金星也会跟着落山，太阳升起不久之后，金星也会随之升起。当金星在天空中距离太阳最远时，称为“大距”（maximum elongation）。现在假设金星大距，然后考虑地球、金星和太阳三者构成的三角形（图 1）。此时，以金星为顶点的角为直角，以地球为顶点的角可以通过对金星和太阳的简单观测得到。如果我们知道了一个三角形的两个角，那么就能利用三角原理得知三条边之间的比例关系，然后再经过简单的乘法计算，得到以 AU 为单位的金星到太阳的距离。对于那些在地球轨道之外的行星，其距离也可以通过相同的方法计算得到，但要稍微复杂一些。

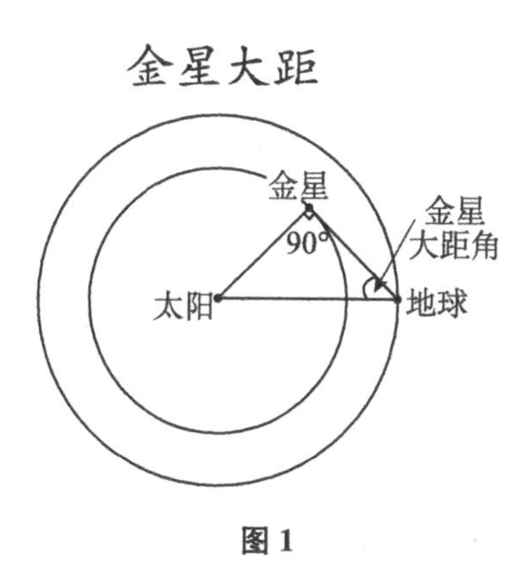

图 1

这种计算方法中隐含了两个近似：①近似地认为行星的轨道是圆形轨道，虽然第谷的辛勤观测和开普勒的理论已经证明了行星的轨道是椭圆轨道。但这种过度的简化在人们谈论行星到太阳的距离时就隐含其中了。因为人们经常谈论的行星到太阳的距离是一个单一的数字，而不是随行星绕太阳的运动而变化的一系列数值。②虽然每颗行星都在自己的轨道平面里绕太阳公转，但总体上说，没有两颗行星的轨道是完全在一个平面内的。

对于使用这两个近似，我们有两个理由。第一个是，除了水星和冥王星，其他大行星轨道的共面性和近圆性非常好，除非要进行很精细的计算，否则用轨道共面和圆轨道近似是合理的。第二个是，如果不做过度简化，我们在讨论问题的时候就会变得十分复杂，也无法得到很有帮助的示意图。第二点更为重要。当科学家在作近似的时候——科学家做了很多的简化——他们经常会问这么一个问题：这种简化会不会对他们将要得到的结果带来很大的影响。什么时候测量才会显得重要呢？这要具体情况具体分析。比如，在测量建筑物的高度时差了几英寸，这对结果几乎没有影响，但对子弹飞行轨迹的测量，如果差了几英寸，那很可能就是生与死的区别了。

科学家在测量中发展出了“有效位数”的概念。不去深究其中的细节，至少在某种程度上，一项测量中最重要的部分就是它可靠的部分。如果用一个测量精度为厘米（米的 1/100）的米尺去测量某物体，该物体的末端会落在两个刻度之间。只要数一数刻度的位置，就能确保测量精度为小数点后两位数（也就是说，你的测量精度为 1/100 米），还可以通过估算被测量物体的末端在两个刻度之间的相对位置来得到小数点后第三位（1/1000 米）的数值，但任何猜测小数点后第四位及更多位数的努力，都将只是纯粹的猜测，提供不了任何可信的信息。这样我们就认为这类测量的结果的有效数字为 3 位。严谨的科学家会确保他们的图形中的数据的有效位数与相应的测量精度相对应。

使用前面提到过的测量和计算方法，就可以得到太阳系中大行星之间的相对距离的较准确的近似值。有了这些相对距离值，只需要测量其中一颗大行星的绝对距离就能得到所有大行星的绝对距离值。这听起来有点奇怪，但可以这么来想：用三角测量法，很容易得到金星离太阳的距离为 0.7AU，火星离太阳的距离为 1.5AU，等等。因为 AU 是地球到太阳的距离，所以只要得到了 AU 的数值就可以知道其他所有的值了。如果我们不能直接得到 AU 的数值，但是我们能直接得到，比如说，金星到太阳的距离，就可以通过将该距离值除以 0.7 得到 AU 的具体值了。

要得到一个绝对的距离，就需要用到一个被称为“视差”的概念（图 2）。视差是一个观测现象，同时也是可以被测量的。试着去做如下的实验：用左手遮住左眼，将右手伸直并竖直大拇指，以使得它和远处墙上的某物位于一条直线上，然后将左手从左眼上拿开并用左手来遮住右眼。此时，你就会发现，大拇指的位置好像发生了移动。原因就在于，两只眼睛之间有一定的距离，它们分别是从不同的角度来观察大拇指的。大拇指位置的变化所对应的角度的一半就叫视差。现在，用地球上两个不同的地方来代替刚才实验中的两只眼睛，以行星代替大拇指，用遥远的恒星代替墙上的物体，就可以得到行星的视差。

视差的测量在 1672 年被两名法国的天文学家简・里谢（Jean Richer）和吉安・多米尼各・卡西尼（Gian Domenico Cassini）实现。卡西尼因发现了土星环的间隙而著称，因此，美国宇航局（NASA）的“卡西尼”号土星探测飞船就是以他的名字命名的。卡西尼还精确测量了木星的位置，这使得丹麦天文学家欧乐・罗默（Ole R∅mer）在 1675 年首次测量到了光速值。

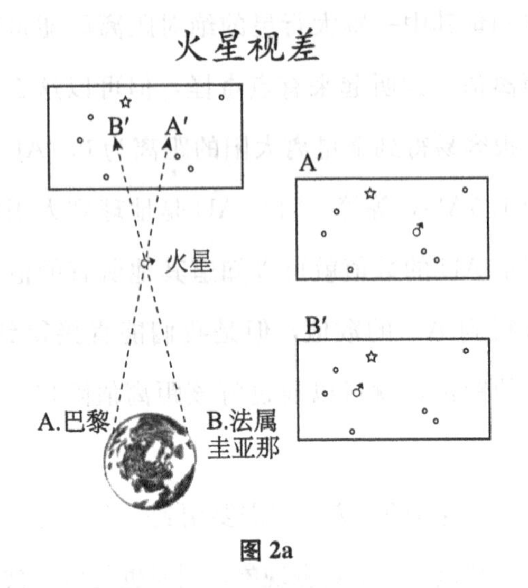

图 2a

里谢和卡西尼各自观测了火星，一个是在巴黎，另一个是在卡宴。通过在这两个有利的地方观测发现，火星在背景星空中相对于背景恒星的位置会有很细微的角度差别。这个角度差别的一半就是火星的视差。当然了，这是一个很小的角度，比 0.01°稍微小点。利用火星的视差值和巴黎与卡宴之间的距离值（约 6000 英里，即约 9656 公里），里谢和卡西尼得到了火星和地球之间的距离值，因此也就得到了大行星离太阳的距离。

现代有很多新的方法来测量太阳系中天体之间的距离，比如利用雷达或者遥感技术。让我们来看一个有关的例子。雷达或者遥感技术需要一个安放妥当的探测仪器，向火星探测车发射一个信号，然后测量从发出信号到接收到回馈信号之间的时间间隔。

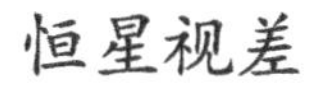

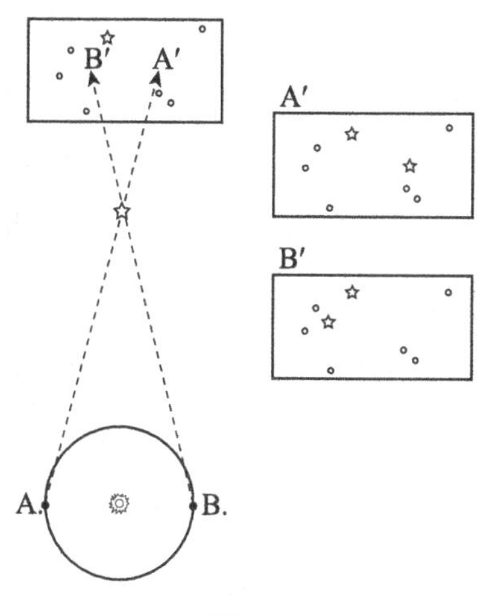

图 2b

因为无线电波是光的一种，无线电信号以光速（测量所得的值约为 18.6 万英里/秒或者 30 万公里/秒）传播，所以只需要测量发出信号与接收到回馈信号的时间差，这个时间差就是无线电信号往返火星一次所花费的时间。将这个时间乘以 30 万公里/秒，再除以 2 就可以得到地球到火星的距离有多少公里了。在这个计算中，我们必须十分仔细。因为这个时间是无线电信号的运动时间、火星探测车处理收到的信号并产生回馈信号的时间及回馈信号的运行时间的总和。如果火星探测车从收到信号到发出回馈信号的时间很长，那就会影响到我们的计算结果。但对于一个简单的信号和命令，这个时间只有几纳秒（十亿分之一秒）——相对于我们所考虑的分钟量级的时间而言，它是微不足道的。另一方面，伽利略和他的助手（代替火星探测车）曾经试图用两个灯笼（代替无线电信号发射器）和类似的方法来测量光速。但他仅仅成功测到了助手的反应时间。

一旦得到了 AU 的数值，就可以得到一些其他天体的大小，比如太阳的大小。从观测上很容易得到太阳的角直径，大约为 0.5°。从太阳的角直径大小和地球与太阳的距离就可以得到太阳的大小（又一次用到三角原理）。同样的，我们可以通过测量太阳光照射到地球上 1 平方米的面积上的功率来得到太阳的总输出功率（其中一个方法就是通过测量太阳光照射在光电池上所发出的总电量）。如果假设太阳的辐射平均分配在所有的方向上，可以假想有一个半径为 1AU 的球面，如果这个球面由光电池组成，我们就可以得到太阳的总功率。这个球在物理上称为“戴森球”(Dyson sphere)，但它只是科幻小说里的情节。即使没有真实的戴森球，我们也能用理论的戴森球去计算。我们可以计算这个戴森球的总表面积有多少平方米，然后乘以每平方米上测量到的太阳辐射功率值就可以得到太阳辐射总的输出功率。这类思想实验，即假想有一个巨大的、不切实际的实验（由光电池组成的戴森球），然后从中提取出其本质的东西（一个光电池和一次乘法运算），使探测世界和理论世界之间能极好地联系在一起，并为我们提供更多的知识。

上面的计算中有一个小瑕疵：地球大气吸收了部分太阳电磁波辐射，而且对于波长不同的电磁波吸收率也不同。因此，这类实验既可以在太空中进行，也可以在测量大气吸收后做出相应的修正。这两种方法都已经用过了，并得到了前面的几幅图。

根据太阳的总功率和大小，我们可以得到它的表面温度。实验室中对发出热量的物体的研究表明，它们在向外发射电磁波辐射。燃烧的电磁炉在慢慢变红就是日常生活中一个很常见的例子。发射出的总辐射量取决于物体的表面积和温度。因为已经知道了太阳的总功率和表面积，我们就能够计算出太阳的表面温度。

此时，我们可能对这种简单的推理感到不舒服。太阳表面温度的计算涉及一些不同测量量之间的简单组合。此外，我们还假设实验室中小的、发热的物体的性质可以外推到更远、更大的太阳上。在某种程度上说，这并不合适。因为我们不能把太阳放在实验室的长凳上，然后用温度计测量它的表面温度。

然而，我们可以用另一个间接的方法来测量太阳的表面温度，看得到的结果是否一致。这在探测世界中是一个很典型的研究方法。任何结果都需要用与原来不同的方法进行验证，以检验原来的结果是否正确。对测量太阳表面温度而言，这个与原来不同的方法依赖于热物体和它们发射的辐射的性质。

不仅仅是功率，热物体发射的光的波长也依赖于物体的温度。越热的物体，发射的光的波长就越短。光的波长越短，能量就越高。正如前面提到过的，不同波长的光在我们的眼睛中表现为不同的颜色。加热铁块的时候，我们看到铁块会慢慢变成红色的，如果继续加热到更高的温度，铁块还会变成白色的。通过测量来自太阳的光的波长，我们就能得到它的温度。利用两个（间接）方法来测量太阳的温度，我们就能相互验证不同方法所得到的结果的正确性。这种一致性检验使间接测量方法变得更可靠。同样的，视差法和光速法，这两种测量太阳系中天体距离的方法，也为彼此的结果提供检验。事实上，第一次测量光速就是间接地利用了太阳系中天体之间的距离，然后才是在实验室里直接测量光速。

先不管这些讨论，让我们从理论世界的角度而不是从探测世界的角度来考虑太阳的温度。我们从计算“热物体发射多少光”的理论开始——这个理论在实验室里已经被很好地检验了，但对于像太阳一样大、一样远的物体，这个理论能否同样成立，我们可能有所担心。我们所能做的就是，基于前面介绍过的两种不同的测量方法分别进行计算——如果理论是正确的——每种计算都会得到太阳的温度值。两个结果相同，就为理论提供了支持，同时计算得到的数值就是太阳的表面温度。这样看来，探测世界和理论世界之间是互为基础、互相检验的关系。在暗物质的相关章节中，我们将会看到，当这两者之间的相互检验得到完全不同的结果时，科学家们是如何处理的。

知道了太阳的直径后，我们就可以计算出它的体积，再利用猜测的密度值，就可以通过公式“质量=体积×密度”来粗略估算太阳的质量。假设我们猜测太阳的密度和水的密度差不多，由此估算得到太阳的质量值和也许会与正确的太阳质量值很相近。可问题在于，我们没有理由猜测太阳的密度和水的密度相近。

那么，如何做才更好？又如何去“称”太阳的质量呢？1797年，英国物理学家亨利·卡文迪许（Henry Cavendish）想出了一个间接的方法。卡文迪许原本打算“称”地球的质量，他的这个方法也可以用来“称”太阳的质量。卡文迪许是从牛顿的引力理论出发的。牛顿的引力理论是说，任意两个有质量的物体之间都存在着引力，引力的大小与它们质量的乘积成正比，与距离的平方成反比。牛顿引力理论用公式来表示就是

$$F=GMm/r^2$$

此处，F 代表两个物体之间的引力，M 和 m 分别代表它们的

质量，r 代表它们之间的距离，G 是牛顿引力常数。牛顿认为，这个力是从苹果落地到月球运动、从潮汐到开普勒的行星运动定律等众多现象的原因所在。如果知道了常数 G 的具体数值，就可以用这个公式来计算两个物体之间的引力。因此，要用这个公式来计算两个物体之间的引力，我们要知道常数 G 的值。那么，如何得到 G 的值呢？还是靠这个公式。给定距离和质量都已知的两个物体，如果能够测量到它们之间的引力，那么，我们就可以计算出 G 的值。一旦知道了 G 的值，就可以利用这个公式计算任何两个物体之间的引力。

通过此类测量计算 G 的值，正是卡文迪许所做的，他使用的仪器如图 3 所示。卡文迪许将两个小铅球分别放置在一根棒的两端，并用一根细细的钢丝将这根棒悬挂起来，然后将两个大的铅球分别放在两个小铅球的近旁，通过测量钢丝的扭转程度来得到两个大铅球施加在两个小铅球上的引力。也就是说，卡文迪许测量了引力公式中除了常数 G 之外其他所有的量，然后通过计算得到了常数 G 的值。

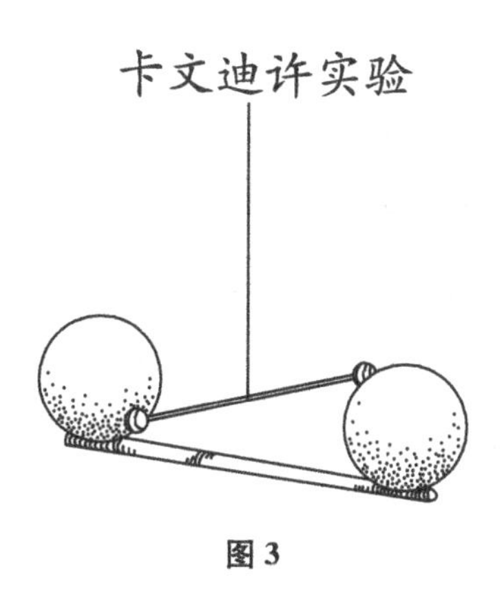

图 3

这个实验的难点就在于其中的引力非常弱。因此说引力难以测量，听起来就会有点奇怪。请记住，根据这个公式，一个质量很大的物体（比如地球）就能消除掉引力内在的微弱性。两个中心相距3英尺（约0.9米）的14磅（约6.4千克）重的保龄球之间的引力只有1磅的40亿分之3。

从牛顿的引力公式可以得到一个计算太阳质量的公式，这就是

$$M=rv^2/G$$

这个公式与某个物体在距离为 r 的轨道上以速度 v 围绕另一质量为 M 的物体的运动有关。换句话说，如果我们知道了轨道的大小和轨道运动的速度（如果我们还知道G），那么就能计算出质量 M。尤其是我们还知道地球绕太阳公转的轨道半径 r 为1AU，以及地球在半径为1AU的圆周上绕太阳一周的时间是一年。因此，利用这些信息就可以计算太阳的质量。这个简单的公式，我们称之为质量公式，是天文学中最有用的公式之一。请记住，在天文学中我们通过“看”而不是“摸”来开展研究。虽然我们没有直接的方法来得到天体的质量，但质量公式成了测量天体质量最好的间接方法，因为我们只需通过简单地观测轨道运动就能得到天体的质量。质量公式的美妙之处在于，它能够将难以直接测量的量（质量）转化为可直接测量的量（距离和速度）。这种对方程的巧妙运用正是科学依赖于数学之处。质量公式已经有300多年的历史了，除了用它来得到太阳的质量之外，行星、恒星、黑洞、星系甚至是暗物质的质量，都可以用这个公式得到。

卡文迪许实验背后的推理听起来有点“循环论证”的意思。为了测量G，我们假设牛顿的引力理论是正确的，但如果我们不

知道 G，又怎么能检验牛顿的引力理论是不是正确呢？这个问题，可以通过检验牛顿引力理论中不依赖于常数 G 的一些预言来回答，尤其是再次审视质量公式的时候。因为 G 是常数，太阳质量也是不变的，而且质量公式对任何围绕太阳公转的行星都成立，因此 rv^2 的值对任何行星都是相同的。也就是说，离太阳越远，行星的运动速度就越小，行星与太阳的距离变为原来的 4 倍时，运动速度就变为原来的 1/2。我们已经知道这个特定的预言是正确的：它是由开普勒发现的，并被命名为开普勒第三定律。因此，牛顿的引力理论通过成功解释开普勒第三定律而被检验是正确的（同时也能成功解释开普勒行星运动的另外两个定律）。

至此，我们知道了天文学家是如何得到太阳的距离、功率、温度和质量等数值的。让我们进入下一章……

第2章　那个发光的东西是由什么组成的?

让我们回到感知世界，继续来谈谈太阳。

我们会看到什么？一个燃烧着的球体。它每天都会东升西落，一天中大约有一半的时间我们能看到它。这种简单的观测会很自然地带来很多疑问。第一个就是我们很想回答的问题：那个东西究竟是什么？这个问题本身的历史比人类历史要长得多。从某种程度上说，它可能比人类更古老，甚至可能比任何我们乐意称为人类的生物更古老。当然，这纯粹是猜测，不是科学。我们无法得知祖先（人类或其他生物）的所想或者所问，但我们都有一种将自己感兴趣的问题归咎于他人的倾向（特别是，如果这些“他人”不在我们身边说：“谁会去关心呢?”)。不管怎样，“他们也想知道我们想要知道的事情”这样一个想法是很有意思的。如果我们不依赖于这个想法，可以把它当做一个故事来看待。但这不是科学。大部分的人类历史中，只有对“那个东西究竟是什么?”的回答才是故事。这些故事就属于理论世界的一部分，而且这部分和事实世界的联系非常少。

在这些故事中，太阳被描述成火球、天空中的大洞、驾着战车的天神、奔跑着的天神、被狼追赶的马车，等等。这些故事都是缺乏事实依据的，因为没有办法去弄清楚太阳究竟是什么。感知世界和理论世界没有关联，因为直到最近为止，探测世界中没有任何与太阳的组成相关的信息。

需要补充说明的是，如果去责备编造这些太阳故事的人是无知的、愚蠢的，那就错了。因为他们并不关心其中的科学，但这恰好属于“将我们感兴趣的事情归咎于他人”的问题。他们绝大多数并不是真的想回答“那个东西究竟是什么”——而是想利用这个问题达到其他的目的。太阳是光、热、生命的源泉，是天和年的时间标志，代表着理解、勤勉、万物的生和死、时间、力量、荣誉和爱。不清楚它的物理组成并不会就此降低它在诗歌方面的价值。没有人会因为诗人在他们诗歌的开头没有写上免责声明“我真的不知道这些”就去责备诗人。

让我们回到科学：之所以需要这么长时间才能得到对了解太阳组成有用的探测，原因就在于观测和实验的自然限制。太阳离我们太远了，因此我们无法简单地提取太阳的物质，然后放入实验室的容器里进行研究，而是必须利用来自太阳的东西帮助我们确定太阳究竟是什么。太阳发出的唯一能简单探测到的就是太阳光，大量的太阳光。当然，我们很容易看见太阳光但不容易分析太阳。

裸眼只能看见在天空中像大硬币一样的发光盘。发明了望远镜后，就可以更深入地观测太阳了。伽利略是第一个用望远镜发现太阳黑子的人。这些新奇的仪器，使得辨认出太阳表面正在发生变化的结构成为可能。太阳也有可以变化的表面特征！

这个发现令人惊讶，但对回答“那个东西究竟是什么?”的帮助很有限。

多种工具和精妙的理论互相配合才能最终让我们弄清楚太阳的组成，但这可能会导致我们走很多弯路，还会有偏离，甚至需要科学两个分支（物理学和化学）的结合以及改变对物质性质的基本理解。两个最重要的工具是火和棱镜，火和棱镜的应用实例来自化学。从有炼金术时开始，“它是由什么组成的?”就一直是化学研究的主要目的。化学家们做大量的实验，用各种仪器设备提取对回答这个问题有帮助的信息。总的来说，这些实验实际上只涉及眼前可以用来直接进行实验的样品。如前所述，我们无法直接提取太阳的物质样品，所以只能通过太阳光来研究它。

实际上，有一种专门通过观察光线来研究物质化学组成的方法，这就是光谱学。见过彩虹的人会对光谱学有部分的了解。太阳光会被空气中的水汽散射。通过观察彩虹得知，白光是由从红色到紫色的多种不同颜色的光组成的。这些不同的颜色实质上是不同波长的光。

长久以来，物理学家经过大量实验后发现，光是电场和磁场发生改变的电磁波，光波和海洋中的水波有些相似。对水波而言，我们把相邻两个波峰（或波谷）之间的距离称作波长。光波波长的定义也类似，即相邻的两个电场最大值之间的距离就是光波的波长。与海洋中的水波相比，光波的速度非常高(3×10^8 米/秒)，波长非常短（黄光的波长大约为 5×10^{-7} 米）。

在光谱的可见光区域，红光的波长最长，紫光的波长最短。当光穿过一种透明的物质到达另一种透明的物质时，光的传播路径会发生折射，不同波长的光，折射的角度不同。以彩虹为例。

太阳光在空气里传播，遇到雨滴时会进入雨滴内部，并在雨滴的内部经过折射—反射—折射后重新出现在空气中。因为不同波长的光再次出现在空气中时角度不同，我们就能在天空中不同的部分看到彩虹不同的颜色，哦，如此美丽的彩带！

在实验室，我们可以用棱镜或者衍射光栅代替雨滴。棱镜是一块透明的三角形玻璃或者塑料。光从棱镜的一条边进入，然后以一定的角度从另一条边射出。紫光的弯折角度和红光的弯折角度稍微有些不同。衍射光栅是一块薄薄的玻璃板或者塑料板，上面刻有很多平行、等间距分布的精细条纹。此时，光线的弯折是光在通过玻璃板或者塑料板（或者被反射）不同位置时被干涉造成的。弯折的角度与衍射光栅的条纹间距以及光波的波长有关。

利用这些简单的工具就可以制作光谱仪。光谱仪主要由棱镜或者衍射光栅组成，可以测量光线弯折的角度。光线进入光谱仪之后，被光谱仪按照波长分解为不同的成分，因此光谱仪可以让我们对这些波长进行测量。物体发出的光经过光谱仪后被分成一系列不同波长的光，这就是该物体的光谱。

任何发光的物体都有自己的光谱。同样的道理，太阳也可以通过这种方法进行研究。在太阳的光谱里能观察到什么呢？主要是一条连续的“彩虹”，颜色从红色到紫色。但是，散布其中的是位于某些特定波长的暗谱线。这些暗谱线于 1802 年第一次被英国物理学家威廉·沃拉斯顿（William Wollaston）观测到。他是冶炼技术的先驱（包括从铂矿石中提取纯铂的技术），还发现了元素钯和铑。他的研究涉及化学、矿物学、晶体学、物理学、天文学、植物学、生理学和病理学等多个学科。

德国化学家约瑟夫·冯·夫琅禾费（Joseph von Fraunhofer）承接并扩展了沃拉斯顿的工作。到1814年，夫琅禾费已经辨认出了475条不同的暗谱线（现在，这些暗谱线被称为夫琅禾费线），并发现了一个有趣的现象：其中一条暗谱线的波长与将盐撒在火焰里所产生的黄光的波长相同。

从少许盐在火焰中发出的黄光，如何得到关于太阳物质组成的信息呢？答案是通过加热。19世纪中叶，德国物理学家古斯塔夫·基尔霍夫（Gustav Kirchhoff）和化学家罗伯特·本生（Robert Bunsen）发现了气体的一些有趣性质。加热稠密的气体时，它会发出所有波长的光，但加热稀薄的气体时，情况就很不一样了。当加热只有一种成分的稀薄气体时，它只发出特定波长的光，而且每一份有相同组分的气体样品会发出相同频带的光。这称作元素的特征谱线，不同的元素特征谱线不同。

此外，光通过只含有一种元素的低温、稀薄的气体时，只有特定波长的光会被该气体吸收，而且被吸收的波长与该气体在加热时发出的光波波长相同。因此，如果在一团低温气体前方有光源发光，从这团低温气体的后方去观测时会发现，光源的光谱中特定颜色的光会消失，而消失的特定颜色的光正是这团低温气体在被加热时发出的那种颜色的光。因此，当气体温度高时，可以用光谱仪去观察气体的发射线或者当气体温度低时，观察气体的吸收线来测量元素的特征谱线。每种元素的特征谱线是唯一的，因此，元素的特征谱线是它区别于其他元素的特征“指纹”。太阳光谱中黄光部分的夫琅禾费吸收线表明太阳上含有钠元素（盐中也含有钠），同时，夫琅禾费和本生的观测还表明太阳上含有铁元素。夫琅禾费线中最显著的谱线是氢、铁、硅、钙、镁和钠元素的谱线。

元素特征谱线的观测属于探测世界中的内容。但在我们运用元素特征谱线之前，在理论世界中应该存在着相对应的理论来回答这么一个问题，即“为什么元素会有这样的性质?”这个理论就是关于光和原子性质的理论。对光和原子性质的解释需要用到接下来将要介绍的量子力学。

我们从“计数”和“计量”的概念开始介绍量子力学。计数是一个将总体分解成有多少某类物体的简单过程。假如有一堆石头，我们就可以数数“有多少石头”。每拿起一块石头就计数一次：“1 块石头，2 块石头，3 块石头……”直到拿完为止。通过计数，就知道石头的总数了。

计量则复杂些。计量涉及连续的量而不是分离的量，或者用数学家的语言来讲，就是离散的量。连续的量是指可能取任何值，而不仅仅只能取某些整数值的量，包括时间、距离、面积、体积、质量，等等。为了测量这些连续量，我们创造不同的单位代表不同的量，比如，“米”是长度单位。我们都认为这些量没有必要都是整数单位的量。我们可以有高 1.23 米的物体或者持续 46.7 秒的事件。我们在大脑中区分那些可以计数的物体和可以计量的物体。在英语里，我们甚至用不同的短语：“How many”来代表计数的量，“How much”来代表计量的量，比如，几头牛？（How many cows?）多少牛奶？（How much milk?）

然而，当要计数的物体很小、数量很大时，这种区分就会变得模糊。大米来自一粒一粒的稻谷，但我们仍然会说“一杯大米”。大米是计数的物体，但日常生活中，我们把它当作计量的物体。尽管我们能察觉到单个的米粒，像米粒一样小的计量实在是太小了，使得我们并不把它们当作计数的量，而是当作计量的量。然而，有些我们原来认为是计量的量，通过测量或者理论却表明它们实际上是计数的量。比如，化学告诉我们，水其实是计数的量，因为水有最小单元：单个的水分子（H_2O）。

量子力学告诉我们，光是由称作“光子”的单个粒子组成的，因此，光是计数的量。L 为光的波长，每份光子的能量 E 都相同，

$$E=\mathrm{hc}/L$$

此处，c 是光速，h 是常数，称为普朗克常数（大约为 6.626×10^{-34} 焦耳·秒）。和光速一样，普朗克常数也是自然界的基本常数，即宇宙中恒定不变的一个量。普朗克常数贯穿于量子力学中，是个非常小的数，因此，每个可见光光子的能量都非常低。这就是为什么我们察觉不到从灯泡发出的单个光子的原因。要觉察到单个光子，比觉察到水杯中的水是由单个水分子组成的更困难。被看作是波的光（前文的描述，第 24 页）和被看作是粒子的光（当前的描述）之间的关系，是理论世界中很有趣的一个方面。当把光看作是波的时候，能够很好地解释光的一些特征（比如波长）；同样的，当把光看作是粒子时，又能够很好地解释光的另一些特征（比如我们正在谈论的量子力学）。实际上，光只是光。粒子和波只是人们为研究光的本质而建立的模型，每种模型在各自特定的情况下都能很好地解释相应的现象。至于“光究竟是波还是粒子”，大概只是人们想要强迫事物与模型更加接近而产生的疑惑。这是人们酷爱理论的另一个例子。

就我们的目的而言，这个公式最重要的特点是，**特定波长的光是由特定能量的光子组成的**。因此，量子力学将我们在开始就

提出的问题“为什么化学元素只发射和吸收特定波长的光?”转变成等效的问题，即“为什么化学元素只发射和吸收特定能量的光子?”

为了回答这个问题，我们需要先弄明白量子力学是如何解释原子性质的。物质（除了第 10 章中要讨论的暗物质之外）都是由原子构成的。在化学家看来，只有 100 多种不同的原子，但这些原子以许多不同的方式组合在一起而形成各种各样的分子。虽然有些分子仅由几种简单的原子构成，但它们却极其复杂。事实上，产生生命的复杂化学变化几乎只是氢、碳、氮、氧和磷五种原子之间的组合。

从审美角度上说，这表明宇宙有一个令人很满意的特征：它是和谐的，甚至是优美的。所有物质层次上，从最小的到最大的，少量物质——比如音阶中著名的八分音符——能以少量不同的方式组合出大量形式复杂的物质。就像音符可以组合成和弦、交响乐，上面五种原子以很有限的方式组合成分子，形成生命。我们将在结论部分详细论述，但这种“和谐组合”原理将贯穿整本书，就像它始终贯穿整个宇宙一样。

原子由位于中央的原子核以及绕原子核运动的电子组成，原子核则是由质子和中子构成。这个原子模型看起来和太阳系很相似，原子核相当于太阳，而电子则相当于绕太阳公转的不同行星。然而，这个图像有重大缺陷，特别是像量子力学阐述的，电子的状态用波来描述，原子核的存在使得仅仅某些特定状态的波才能存在。这和量子力学阐述光波是由光子组成的说法类似。（我们前面介绍了光的波动性和粒子性，这可以推广到电子和其他所有粒子：每一种粒子都可以看作是一种波。）就我们的目的而言，允许存在的电子波最重要的性质是它们具有量子化（也就是说，可计数）的能量。因此，量子力学告诉我们，特定化学元素的原子的能量状态仅仅是它们可能处于的能量状态中的某一种。在原子的太阳系模型中，电子的能量由它离原子核的距离的远近来表现。（请记住这只是一个模型，距离比能量更直观，因此我们用距离代表能量，尽管距离和能量并不相同。）能量越高，电子离原子核"越远"。

允许存在的电子波的最低能量状态称作最低能级或者基态，其他能量状态则称为高能级或激发态。如前所述，直观上讲，可以认为基态是离原子核最近的轨道上电子的能量，其他的电子都是激发态，但这个图像只是部分地成立。根据科学的严谨性要求，最好忘记电子轨道的概念，而仅仅考虑能级。因为就像"粒子"和"波"能转移人们对光的注意力一样，"与原子核的距离"可以转移人们对能量的注意力。模型只要是有效的，就应该使用，否则就必须被抛弃。

如果位于基态的电子吸收了能量，它就会跃迁到激发态。另一方面，如果某个电子原来就位于激发态，它就可能通过辐射能量而回到基态。能量以光子的形式辐射出去，辐射的光子的能量恰好等于电子从激发态回到基态时损失的能量。

更普遍的情况是，如果一个原子处在激发态，它可以通过辐射不同能量的光子而回到相应的能量较低的状态。同样的，处在某种状态的原子可以通过吸收一个光子而改变状态，但只有所吸收的光子的能量恰好等于这两个不同状态的能量差时才可以。（假设有一个电子处在状态 1，它可以吸收具有能量为状态 1 与状态 2 之间的能量差，或者状态 1 与状态 3 之间的能量差，但不能吸收能量只有状态 1 与状态 2 之间能量差的一半，或者能量为状态 1 和状态 3 之间能量差的 3.141 592 6 倍的光子。因为只有那些能量恰好等于原子的两个不同状态之间的能量差的光子才能被原子吸收。）

现在，让我们再回到对前面那个公式的讨论。公式 $E=hc/L$ 表明，光子的能量只取决于光子的波长，因为 h 和 c 都是常数（即不变的数）。我们还知道，光的波长和光的颜色是等效的。这告诉我们，对光而言，颜色和能量实际上是一回事。请记住，运用测量，我们已经在一个非常抽象的概念（能量）和感知世界中的一个最基本的感知成分（颜色）之间建立起了非常强的联系。原子中电子的量子状态为我们解答了“为什么特定的原子只吸收特定颜色的光?”以及“为什么被吸收的光的波长与所发射的光的波长相同?”这两个问题。至此，我们明白了“元素指纹”究竟是什么，并能放心地将其运用于其他方面。在“三类世界”模型中，我们看到，理论世界中的量子力学成功解释了在探测世界中观察到的化学光谱。如果没有量子力学，将光谱学作为工具使用时就要更加谨慎，因为可能不知道在哪些情况下能运用光谱学这个工具。19 世纪中叶，科学家并不清楚光谱的机制，但这并不能阻止当时的科学家运用光谱开展研究。实际上，在证明光谱分析对太阳同样有效之前的数十年，就已经得到了太阳光谱。就像布拉赫和开普勒一样，有些时候观测要早于理论。

更广泛地讲，在使用任何工具时都必须要很小心，确保所使用的工具符合其使用条件（比如，锤子会毁坏烤箱）。只有原子自由漂浮在气体中时，化学光谱才是可信的。因为复杂分子还会以其他方式吸收能量，而非仅仅通过激发电子（如分子可以有振动或自旋）。将物质加热到足够高的温度使联结分子之间的任何键发生断裂，是确保气体分子之间相互独立的唯一的方法。请注意，这种观察（通过加热破坏分子键）又属于理论世界中的化学部分，天文学家借用了这部分化学来研究天体的组成。

幸运的是，太阳的温度非常高——远高于破坏分子之间的化学键所需要的温度。这意味着，当试图去确定太阳的物质组成时，化学当中大部分复杂的问题是失效的。顺便提及，这本身就是一个很重要的观测。我们已经知道，太阳上不存在任何依赖于复杂化学结构的物体（比如生命），因为从化学的角度来讲，太阳的温度太高了。这告诉我们，要回答“太阳是由什么组成的?”这个问题，我们必须知道太阳上的元素组成和元素丰度。实际上，太阳的大部分区域温度甚至高到原子也无法形成，而只能是一团由原子核和电子组成的等离子体。虽然如此，我们仍然会问太阳上存在哪些原子核以及它们的丰度如何。

大部分太阳光从表面的光球层发射出来，光球层可分为上光球层和下光球层两部分。下光球层的物质密度很高，能发射所有波长的光，而上光球层的物质密度和温度都比较低。用光谱仪去观测太阳，会看到来自上光球层的吸收线。这些吸收线都有特定的波长。将这些波长和实验室中得到的化学元素的光谱进行比较，就会知道太阳上含有哪些元素。因而，至少我们回答了“太阳究竟是由什么组成的?”，而这个问题正是关于“太阳究竟是什么?”中最重要的。

人们用这种方法发现了太阳上有前面提到过的那些气体成分。有时候，这种方法也会产生一些问题。太阳光谱中有一条谱线与当时所知的实验中的任何化学元素都不存在对应关系，而这些实验在当时都是首次开展。1868 年，法国天文学家皮埃尔·詹森（Pierre Janssen）在观察日食时，这条谱线第一次作为一条发射线被观测到。詹森对研究日食做出了卓越的贡献。1870 年普法战争时期，巴黎被围，詹森从巴黎逃到了非洲，并在非洲用气球进行观测日食的实验（不幸的是，他实验时有云层遮挡）。

同一条谱线也在 1868 年被约瑟夫·洛克耶（Joseph Lockyer）观测到了。他认为这条谱线是一条到目前为止尚未被发现的元素谱线。洛克耶将这个元素命名为氦（Helium），取自于“太阳”的希腊语“Helios”。现在看来人们会觉得很惊讶，因为在孩子们的生日宴会上到处是氦气球，但在当时，氦元素的神秘丝毫不亚于今天的暗物质。因为人们从来没有在地球上发现过氦元素，只在太阳上看见过，而且是通过谱线间接得知其存在。这不仅让当时的人们相信它是神秘的“太阳元素”，甚至猜测这条神秘的黄色谱线有其他的解释。

这个问题在后来的 30 年内都未能得到有效解决，就像是理论世界中的“断裂带”。真的存在未知的氦元素吗？还是由于在广阔的空间范围内对遥远物体（太阳）使用了实验技术（光谱测量）而产生的某些特定的人为结果？如果没有其他独立方法的观测结果——也就是说，除了太阳光谱观测之外的其他观测方法的结果——这个理论问题是无法解决的。

1895 年，这个问题被英国化学家威廉·拉姆齐爵士（Sir William Ramsay）成功解决。拉姆齐是本生的学生，他在对加热钇铀矿物时产生的气体进行常规化学分析时发现了同样的谱线，即氦元素的谱线。拉姆齐用独立的、非天文学的方法观测到了同一种元素，从而证实了氦元素的存在，解决了有关氦元素的争论。(拉姆齐并不依赖于自己特殊的身份，他还发现了其他所有的惰性气体——也就是，氖、氩、氪、氙、氡。惰性气体是不容易与其他元素发生化学反应的物质。)这不仅证实了氦元素的存在，而且有助于证明光谱学在天文学中的应用是合理的，也使得“用光谱法分析更遥远的天体组成”变得更可信。20世纪早期，人们经常发现天然气储藏区含有氦。这是地球上氦最丰富的来源，同时也确保了我们的气球和飞船的安全性。

利用光谱分析，天文学家知道了太阳最主要的物质是氢和氦，其中氢约占太阳质量的74%，氦约占25%，其他所有的元素占1%。(其中的原因与大爆炸宇宙学有关，将在暗物质的有关章节进行探讨。)那么，如果氦元素是如此普遍，为什么在地球上却很少呢?

氦的两个性质决定了它在地球上的稀缺：重量轻、性质不活跃。气体原子或者分子一直处在运动当中。地球，和其他所有引力体一样，有一个逃逸速度。所谓逃逸速度，就是物体能摆脱地球引力束缚而进入太空所需要具有的最小速度。在地球大气层中，运动速度超过地球逃逸速度的气体分子就会脱离地球。因此，大气层中的每种气体都会慢慢泄漏到太空中。泄漏的快慢与气体原子或分子的平均动能(运动时具有的能量)和质量有关。日常生活中，我们用温度来表示原子和分子的平均动能。物体的温度越高，它的原子和分子运动得越快，温度越低，则运动得越慢。

在温度相同的情况下，较小的原子和分子比较大的原子和分子的运动速度更高。动能与质量和速度都相关(具体为$mv^2/2$，其中m是物体的质量，v是物体的运动速度)，因此，动能相同时，质量小的原子运动速度更高。如果大气中的某种原子足够轻，温度足够高，那它的速度就会足够高，从而可以逃脱地球的引力束缚。平均而言，相比较重的原子，较轻的原子逃离的更多。氦是第二轻的元素（氢是最轻的元素），在地球大气可能的温度下就具有足够高的平均速度，因此我们的大气无法保留住氦。（需要注意的是，这并不意味着每个氦原子的平均速度都超过了地球的逃逸速度，仅仅表明，只要一小部分的氦原子的速度超过了逃逸速度，大气层中所有的氦原子就会逐步地流失。）木星和土星比地球大得多，温度也低得多，它们的引力很强，足以束缚住氦，因此氦是木星和土星很重要的组成物质。

可能有人会觉得奇怪，既然氢比氦更轻（1 个氢原子的质量大约为 1 个氦原子质量的 1/4）。为什么地球上的氢含量比氦含量要丰富得多？这就和氢、氦两者的化学性质有关了。与氢不同，氦是惰性元素，几乎不与其他任何物质结合，因此氦只以自由的氦原子的形式存在。相反，氢会与其他很多元素结合。最为我们熟知的是氢和氧结合形成的水。地球的大气层无法束缚住比氦还要轻的氢气体，但能保留住更重的水。当然，地球还能保留住所有较重的含氢的物体，比如人。氢之所以存留于地球上，是因为它和其他物质结合在一起，氦之所以无法保留在地球上，是因为它不与其他物质相结合。

氦非常有用，不仅仅是因为它可以用在气球上，更因为它从来不会变成固态，即使在温度最低时。冰箱中用氦作为冷却剂，可以得到接近于绝对零度的超低温度。作为除氢之外最轻的元素，氦在原子物理学和化学中也扮演着重要角色。虽然氦的总量约占宇宙中所有（正常，非暗）物质的 1/4，但几乎在整个人类的历史上都没有被发现，人们也完全不知道氦的存在。就本书介绍的内容而言，这是氦最神奇之处，与神秘的暗物质有些类似。（文学上，预先使用与后文会出现的某种奇异的事物类似的事物的手法叫做铺垫。科学上，有时就会使用铺垫的手法。）

第3章　核聚变：能量就隐藏在眼皮底下

感知世界中，除了“总体上，白天比夜晚更温暖”的现象之外，太阳最显著的特征也正是它能给人带来温暖。一句话理论“太阳使地球变热”可能比有记录的历史更加古老，它被日复一日的重复实验所验证。但是，为什么太阳是热的呢？试图回答这个问题的一些理论是从基本经验开始的，然后再加以扩展。太阳看起来像个火球。火球就需要消耗燃料去产生热量。那么，太阳的燃料是什么呢？

奇怪的是，最早的一些想法实际上和这个问题背道而驰。很多哲学家认为太阳是一个永恒的热源，不需要燃料，也不会燃尽。这些理论认为，太阳是由永恒的，至少是半神圣的物质组成，与地球上的物质不同。在大部分历史中，人类很自然地认为天上的物质和地球上的物质是很不一样的。当伽利略用自制的望远镜发现了月球上的山，以及牛顿发现苹果落地和月球的轨道运动遵从同一个引力理论时，这个假设方才站不住脚。伽利略和牛顿的发现都得出了相反的观点：**自然界一致性原理**。意思是说，宇宙在任何地方都遵循同样的规律，并且宇宙的形状会随时间和空间发生变化；相同的解释在任何地方都适用，并且一直如此。自然界一致性原理是所有现代科学理论的基础。科学上，如果出现了某些“例外”，就必须要有一个包含了这些“例外”的统一理论。

从理论的角度来看，太阳的热量必须通过燃烧某种形式的燃料来获得，因为这是我们得知有物体在燃烧的唯一的方法。人们在生活中完全可以不去接受自然界一致性原理，但想要做出任何预测就不可能了。因为，如果世界以一种无法预测的方式运转，那么，事件的发生就会呈现无法预测性。当然，这并不是一个接受自然界一致性原理的充分理由。然而，任何承认自然界一致性原理的理论都可以用实验检验。通过实验检验的这些理论让我们相信自然界的确是一致的。

太阳的能源问题将以下两个问题联系在一起——“太阳的能量来源是什么”和“太阳的年龄是多少”这两个问题之所以是相关联的，是因为无论太阳以何种方式产生能量，它都会耗尽燃料。无论太阳的年龄有多大，都不可能超过耗尽所有燃料所需要的时间。描述太阳性质的一些量都是很大的天文数字，因此我们期望太阳的年龄也是很大的数字。回想下，其中两个大数字是太阳的质量和太阳消耗燃料的速度。燃料耗尽所需要的时间就是这两个非常大的天文数字的比值，然而，两个很大的数的比值可能并不大。毕竟，200万除以100万的结果只是2。

当面对“如何着手进行”的问题时，首先要做的应该是检查是否存在已有的可能有助于解决问题的方法。那么，可能作为太阳燃料来源的候选者有哪些呢？大多数人燃烧天然气使房间保持温暖。一个功率为 20 000 瓦特的锅炉，45 分钟内大概需要消耗 1 千克天然气。如果太阳燃烧 1 千克燃料产生的能量与锅炉燃烧 1 千克天然气所产生的能量相同，那么，由质量为 2.0×10^{30} 千克，功率为 3.8×10^{26} 瓦特（用来温暖整个太阳系），就可以计算出太阳的燃料大约在 10 000 年内耗尽。如果不是用天然气，而用汽油、酒精、煤、木材或者果冻（果冻在体内“燃烧”，为我们提供温暖和热量），得到的结果也相差不多。

当科学家的看法是，地球的年龄受圣经中“宇宙的年龄时标不足几千年”的影响时，这个时标（即约 10 000 年）显然是足够长的。然而，19 世纪，随着地质学的兴起和进化论的发展，这个结果就带来了一场危机。地质学上的改变是很缓慢的。风和水会侵蚀山脉，但需要很长的时间（几百万年）。河流会冲刷出大峡谷，但也需要很长的时间。19 世纪，地质学家开始估计这些过程所需要的时间，结果得到的地球年龄非常大。进化上的改变（将在后面的章节讨论）同样十分缓慢，它随机地出现在增长的环节中，并被选择检验。用统计学和古生物学，就可能对进化中大规模的改变所需要的时间做出相当好的估算，这也指出，我们之所以是现在这个样子，是几百万年进化的结果。

不同学科的理论之间出现了冲突，这是理论世界中的一场战争（这虽然是一场用笔进行的战争，但是它的主要内容却是引人注目的）。进化论和地质学家的发现表明，地球的年龄至少有几百万年。如果地球的热量来自太阳，那么，太阳必须燃烧某种能产生所观测到的能量的燃料。这种燃料产生单位能量所需要的消耗量，要比 19 世纪使用的任何燃料都要低得多。这会是什么燃料呢？19 世纪晚期，苏格兰物理学家开尔文爵士（Lord Kelvin）

认为的能量来源是引力能。

遗憾的是，我们需要讨论开尔文爵士的一个错误。他以很多正确的研究而闻名，其中包括他在热力学方面的工作，特别是他对热力学温度理论和能量守恒定律的贡献。然而，虽然他对太阳能量来源的回答是错误的，对我们理解“太阳是如何开始燃烧的”仍然起到了重要作用。

众所周知，举起重物需要做功。而且，我们可以利用重物的下降来为我们服务。（电梯的平衡系统就是这个原理。电梯在上升过程中，平衡物就会下降。电梯上升所需要的能量并不是由马达提供的，而是由平衡物的下降来提供。）相似地，如果太阳诞生自一个非常弥散的气体云，那么，该气体云在自身引力作用下收缩，引力做功使得气体被加热。这种物体在自身引力作用下收缩而被加热的机制称作开尔文-赫姆霍兹机制（Kelvin-Helmholtz mechanism）。假如有一个质量和太阳相同的、弥散分布的气体云，塌缩到和太阳一样大，并且密度均匀，那么，这个过程中，每千克物质释放的总能量大约是天然气释放热量的 1000 倍。这个过程中释放的总能量足够太阳发光 1000 万年。这个时标比太阳燃烧传统燃料的时标要长得多。然而，在地质学和进化的标准上，这个时标仍然不够长。实际上，开尔文爵士认为他发现了地质学和进化论中最根本的困难，并和达尔文展开了长期的争论。

这类争论既存在于科学的不同分支之间，也存在于同一分支内，既有好的一面，也有不好的一面。当然，不好的一面是，当人们在互相争论的时候，如果他们自己能解决问题，他们会变得更固执而且会更坚持自己的意见。科学家比其他任何人都更容易有此“陋习”，但他们也有对抗这个坏习惯的方法。如果科学家之间争论的是事实真相，他们通常用实验来验证自己和对手的假设，以表明自己的观点是正确的。无论检验的结果证明哪方观点是正确的，（至少在科学上）被验证的那个观点将会得到承认，并会被广泛接受。

然而，有时候答案并不来自争论的任何一方，而是来自其他方面。既不是开尔文，也不是地质学家或生物学家解决了关于太阳能源的这场争论。答案来自于物理学的一个分支：核物理。在这场争论发生的时代，核物理还不存在。

结果表明，开尔文-赫姆霍兹机制也无法解决太阳的能量来源之谜。实际上，太阳的能量来源于核聚变反应。开尔文-赫姆霍兹机制只是点燃了核聚变的“火花”。英国天文学家亚瑟·爱丁顿（Arthur Eddington）在20世纪20年代首次提出，太阳的能量来自于核聚变反应。亚瑟·爱丁顿闻名于科学界，是由于他成功测量到了太阳周围的光线发生弯曲，并由此证实了爱因斯坦的广义相对论。作为太阳和其他恒星能量来源的核反应的具体过程，在1938年才被物理学家汉斯·贝特（Hans Bethe）弄清楚。贝特是核物理学新领域的先驱之一。贝特解决太阳能源问题的论文被认为是“贝特圣经”，该论文被这个领域内所有严谨的研究者阅读过。在曼哈顿计划中，贝特是理论部的头儿，而且是当时还很年轻的理查德·费曼（Richard Feynman）的导师。

核聚变反应究竟是什么呢？从化学的角度来看，原子是构成分子的单元，因为在化学反应中原子之间相互结合成复杂的结构。原子之间通过“共享”电子而结合。在此，我们并不打算对经典化学中解释“原子是如何形成分子”，以及对量子化学中精确解释“原子之间是如何‘分享’电子”做过多深入的探讨，但会进行简单的解释，同时建议读者进一步阅读化学方面的书籍。每个原子都有相应的空间容纳不同能态的电子（这些“空间”就是电子轨道及其范围）。如果一个原子还有某些未被填满的空间，那么，它就能与其他原子分享电子。更深入的介绍需要用到更多我们未曾涉及的细节，但大体上是，多个原子之间共用一个或多个电子。这会使得原子之间能紧密地结合，从而形成一个全新的结构等级：分子。有些原子有很多空间可用来分享（碳原子就是其中之一），因此能通过与多个原子分享电子而形成极其复杂的分子。尤其是碳原子，它最多能与 4 个其他原子分享电子，从而形成很长的碳原子链，其中每个碳原子都与其他原子“粘”在一起。这些碳原子链是生命的关键结构。

到此为止，这些足够了。因为，实话实说，我们谈论这些的目的就是为了说明这些并不是我们真正要谈论的。因为化学上，原子是永远不会改变的。氢原子永远是氢原子，氦原子永远是氦原子，碳原子永远是碳原子，等等。化学反应无法改变原子的性质和特征，因为化学反应永远无法改变原子核。

但还有其他类型的反应，即原子和亚原子层次的反应——这些反应不是发生在原子周围的电子壳层，而是发生在中心的原子核上。核聚变反应中，原子核之间结合在一起形成新的原子，因此就产生了新的元素。还有核裂变反应，是将大原子分裂成小原子的反应。这些核反应比化学反应要剧烈得多。1 千克氢聚变为氦所释放的能量大约是 1 千克天然气燃烧时所释放能量的 1000 万倍。如果太阳上的氢全部聚变成氦，释放的能量足够太阳以目前的光度发光 1000 亿年（后面将会看到，太阳的一生中，只会消耗其氢含量的 10%左右）。

再来看看原子的结构。前面我们知道，原子由原子核和电子组成，并且化学反应通过原子之间共享电子而实现。之前，我们并不太关心原子核，但从现在开始，原子核将是我们的焦点。那么，原子核是由什么组成的呢？原子核的基本组成单元是被称为质子和中子的两种粒子。氢原子的原子核中只含有 1 个质子，没有中子。质子的质量大约是电子质量的 2000 倍，质子的电荷与电子的电荷相反，因此氢原子是电中性的（带 1 个正电荷的质子＋带 1 个负电荷的电子＝电中性）。中子不带电，质量比质子稍微大点。异性电荷之间相互吸引。正是质子和电子之间的相互吸引才使得原子得以保持完整。电子和质子之间这种相互吸引的力叫做电磁力。在电磁力作用下，异性电荷之间相互吸引（正电荷吸引负电荷，负电荷吸引正电荷），同性电荷之间相互排斥（正电荷排斥正电荷，负电荷排斥负电荷）。因此，由于电磁力，原子核内的质子（都带正电荷）之间互相排斥，那么，又是什么保持住原子核呢？

原子核中有一种与电磁力相反的力，正是这个力使原子核得以保持，这个力叫做强力。在很短的距离内，强力比电磁力要强。原子核中，核子（质子和中子的统称）之间由于存在相互吸引的强力而使得原子核得以保持住（前提是质子的数目不太多，否则会超过强力而使得原子破碎）。强力的强度与形成强力束缚时或强力束缚被打破时所释放的能量有关。力的强度越大，物体会被约束得越紧密，其中蕴含的能量也就越多。化学能是通过共享电子而将原子结合在一起时所需要的能量，其中起作用的是比强力弱得多的电磁力。正是因为强力比电磁力要强得多，才使得核能比化学能要多得多。

物理学家常常会想出很古怪的名词。乍一看，强力就是这样古怪的名词之一。为什么不把强力称作核力呢？为了回答这个问题，我们借助喜剧演员亨尼·杨曼（Henny Youngman）的经典语录来对比。当有人问他："你太太好吗?"他会回答："这要看和谁比。"同样的，当问到强力时，应该回答："强是与什么相比而得到的结果?"实际上，有两种不同的核力：强力和弱力。弱力则要弱得多。名词"强力"和"弱力"，可以分别看作是"强核力"和"弱核力"的简称，它们只有在相互比较的时候才有意义。

另外，日常生活中我们遇到的所有的力（引力除外）都来自原子之间的化学力，即都来自电磁力。推、挤、跳跃、跳舞、打喷嚏，等等，日常所有的力，归根结底都是电磁作用，因为它们都是由互相影响的分子组成。电磁力比强力要弱，但比弱力要强。因为电磁力是日常生活中常见的力，因此，可以将电磁力的强度作为力的典型强度。与典型强度的电磁力相比，强力则更强，而弱力则更弱。（引力甚至比弱力更弱。如果将这种术语的使用进一步推广，引力更应该被称为超弱力，但"引力"来自"重物"一词的拉丁语，其命名比其他的力要早得多，因此保持了原来的名称。）

为什么在日常生活中我们注意不到强力呢？因为强力只在非常短的范围内很强。原子核比原子要小得多，当核子之间的距离超过原子核大小时，核子之间的强力就变得很小，可以忽略。因此，应该将强力称为"很短的距离内很强，但超过后就不会被注意到的力"，但这么长的称呼，使用起来就太不方便了。

太阳能量的产生过程包含了一系列的核反应过程，总的效果是4个氢原子经强相互作用和弱相互作用后聚变为1个氦原子。

氦原子核由 2 个质子和 2 个中子构成，它们之间靠强力束缚在一起。在将 2 个质子和 2 个中子结合在一起形成 1 个氦原子核的过程中，会释放能量。太阳上有大量的质子，因为有大量的氢，而氢的原子核就是质子。然而，除了已经被束缚在原子核内的中子之外，并没有其他的中子。那么，太阳是如何合成氦的呢？

这个问题虽然来源于天文学，但却在粒子物理学回答“中子来自哪里”这个问题时，得出了答案。粒子物理学是物理学的一个分支，主要研究“物质究竟是由什么组成的”。对这个问题的初步回答是，物质是由原子组成的。“原子”（atom）一词来自希腊语 atomos，是不可再分的意思。认为某物“是不可再分的”几乎和认为某艘船是“永不沉没的”一样危险（还记得泰坦尼克号吗?）。这几乎是在向自然界挑战，让自然界证明你是错误的。绝对肯定的是，原子并非不可再分，而是由质子、中子和电子组成的。因为已经使用了“原子”一词，粒子物理学家将组成物质的最小单元称为“基本粒子”。那么，质子、中子和电子是基本粒子吗？电子好像是基本粒子，但质子和中子则是由更小的称作“夸克”的物质组成的。光子同样是基本粒子，而且电磁力是在基本粒子之间交换光子的结果。例如，两个电子互相排斥是因为一个电子发出的光子被另一个电子吸收所致。如此看来，基本粒子理论，甚至于所有的物质理论，都可以称为作用力的理论。每种力都由特定的粒子在力的相互作用体之间来回进行传递，这就是交换粒子。电磁力的交换粒子是光子，因此电磁相互作用需要用到光。这听起来似乎很深奥，不过，其最直接的两个实际应用是广播和电视——有些时候，抽象的东西离我们并不遥远。

粒子物理学中一个重要定律是，每种基本粒子都有另一种质量相等的叫做“反粒子”的基本粒子与其对应，但反粒子携带相反的电荷。电子的反粒子是正电子，光子的反粒子就是光子本身。粒子物理学目前发展出的标准模型，可以解释除了后面将要介绍的暗物质和暗能量之外的所有物质，以及除了引力之外的所有作用力。标准模型是20世纪物理学最伟大的成就之一。

为什么这些都和产生中子有关呢？结果表明，存在一种被称为中微子的基本粒子，中微子不带电荷，质量非常小。如果给1个质子提供足够高的能量，它可以变成1个中子，1个正电子和1个中微子。这类粒子转化方程可以双向进行：如果给1个质子足够高的能量，它就可以变成上述3种粒子；1个中子，加上1个正电子，再加上1个中微子也能变成1个质子。中子的质量比质子要大点——实际上，比质子质量与电子质量之和都要大。要获得质量，必须消耗能量，因此，如果不增加能量，质子是不会转变为中子的，只有在增加能量的情况下才会。

这个能量可以在另一个质子与中子结合成氘的过程中得到。氘是重氢。1个氘原子核含有1个质子和1个中子。氘的化学性质和氢一样，但重量大约是氢的两倍。质子数相同而中子数不同的两种化学元素称为同位素，因此氘是氢的同位素。同位素的化学性质是相同的，因为化学反应只依赖于围绕原子核运动的电子的数目，而电子的数目又依赖于质子的数目。然而，在核领域里，中子的作用更重要些。

太阳的核聚变反应中，第一步是两个质子结合成氘核，同时释放出1个正电子和1个中微子。听起来这种产生氘的方法很复杂，因为直接将1个质子和1个中子结合氘要更简单。然而，太阳中含有自由的质子但不存在自由的中子。这是因为自由中子会转变成质子、电子和反中微子（反中微子是中微子的反粒子，就像正电子是电子的反粒子一样）。这种粒子的自发转变称为衰变。平均而言，自由中子大约会在14分钟内发生衰变。

有些原子核衰变会释放中子，但并不是所有的原子核衰变都会释放中子。能衰变的原子核具有放射性，这种衰变叫做β衰变（此处被叫作“β”是因为衰变时发射的电子被称作β射线）。在这种情况下，原子的化学性质发生了改变，因为中子的衰变使得原子序数（即质子数）突然增加了1，因此具有放射性的金原子（原子序数79）经β衰变后就变成了汞原子（原子序数80）。

原子核还有其他的衰变方式：α衰变（原子核放射出氦核的衰变，氦核就是α粒子）和γ衰变（原子核放射出高能光子，这类高能光子被称为γ射线）。只有衰变后形成的新原子比衰变前的原子的能量更低时，衰变才会自发地发生。整个放射性领域都围绕着这几类衰变开展研究，包括从考古学上测定年代到癌症的治疗等很多的实际应用。

当今，核聚变不仅仅只是一个理论过程，它已经被用于制造我们所拥有的最危险的武器上。氢弹以令人震惊的效率释放能量，其过程与太阳的核反应过程相似。氢弹中发生核聚变反应的是两种不同的氢：氘（氘核由1个质子和1个中子组成）和氚（氚核由1个质子和2个中子组成）。这个反应的效率很高，速度很快。如果太阳也使用氘和氚进行聚变，那将会比等质量的化石燃料更快耗尽。

太阳的核聚变反应必须有很高的效率，但反应速度比较慢，这样才会使太阳持续存在这么长时间。将质子转变成中子的反应是通过比电磁力还要弱的弱力实现的。量子力学中，某种力越弱，通过这种力而实现的反应就越难发生。因此，越弱的反应就会越稀少。平均而言，依赖于弱反应的过程所需要的时间比依赖于强反应的过程所需要的时间更长。就太阳核聚变的速度而言，起决定性作用的过程是反应链中产生中微子的过程。这是太阳核聚变反应的第一步，同时也是最慢的一步。中微子只通过弱力发生相互作用，这意味着涉及中微子的反应，包括太阳中的这个过程，都是极难发生的。

太阳核心的温度非常高，质子之间频繁地发生碰撞。然而，这些碰撞中，两个质子能同时克服它们之间的排斥力并通过弱相互作用产生中微子的过程是极少的。换句话说，由于能产生中微子的过程很少，太阳的核聚变反应就保持在相对慢的速度。同样很弱的弱相互作用意味着太阳核心产生的中微子很容易逃离太阳，而不会被核心和表面之间分布的大量的物质阻挡。

前面几个段落描述的都是理论世界中的情况，尽管我们像陈述事实一样坦率。现在，我们需要突然停止这种描述，并问问“我们如何知道所说的任何一点都是正确的”。毕竟，我们谈论的反应过程发生在温度高达几百万度的太阳核心。我们无法设计一个能在太阳核心环境下存活的空间探测器。那么，为什么这些都是科学，而不是科幻小说呢？

或者，更简洁地问：“我们是如何知道这些的呢？”

答案部分来自于太阳模型。太阳模型理论仍然有许多地方需要检验。太阳模型是关于太阳结构的详细理论。在太阳模型中，将太阳看作是一系列由从核心到表面分布的同心薄球层组成，每个薄球层都有相应的温度、密度和压力。为了与实际观测和理论知识相符合，这些太阳模型需要满足一些相应的限制条件，这些限制条件来源于不同条件下的实验和分析结果。

（1）流体静力学平衡：每层物质所受向外的压力必须和向内的引力平衡（“流体静力学”一词表明这个条件起源于对水的研究）。

（2）能量输运：就每层物质而言，其自身产生的能量加上进入该层的能量必须等于从这层物质发出的能量。换句话说，从太阳的每个薄球层物质发出的能量必须等于进入该层物质的能量加上该层物质自身产生的能量。

（3）核聚变反应：太阳核心进行的核聚变反应必须以和实验室测量到的相同的速度进行，因为它们是相同的反应。就像太阳光谱必须和实验室看到的化学元素的光谱相同，因此太阳的核聚变反应必须和地球上的核聚变反应一致。

（4）太阳模型必须给出正确的太阳质量、光度和表面温度值：这些都是已知的确定值。

满足这些限制条件的太阳模型是存在的。存在一个这样的模型就是对理论的（部分）证实，因为如果一个理论能很好地解释已经观测到的现象，那它会被认可并会被后来的实验检验。因为太阳模型（即上面所提到的同心薄物质层结构和能量来源于核聚变反应的模型）能很好地解释观测到的现象，我们有足够的信心去阐述在太阳内部几百万度的高温下正在发生的过程。

但我们并不满足于用已知的观测结果检验理论。回想一下，前面讨论太阳能量来源的问题时提到过，大量的中微子会从太阳内部发射出来。如果有办法检验是否真有大量的中微子来自于太阳，那我们对这个理论将更有信心。因为中微子和物质之间的相互作用非常微弱，它们会很容易地穿过太阳。根据已有的理论，这些中微子直接来自太阳核心。如果能探测到它们，我们就拥有了直接探测太阳核心的“探针”。然而，作为承载着太阳核心信息的中微子也成了实验物理学家的挑战。为了探测到这些来自太阳核心的中微子，我们必须制造出无法让中微子轻易地通过，又不会与其他任何物体相碰的实验仪器。中微子不带电荷，质量微小，它们在宇宙中只是偶尔与其他粒子发生微弱的相互作用。简而言之，如果中微子能轻而易举地穿过太阳，我们又有多大希望能制造出可以使中微子“停止”的实验仪器呢?

我们是有希望的。描述所有亚原子粒子行为的量子力学，其预言经常以概率形式来表现。在量子力学中，不说“这种粒子将和那种粒子发生碰撞，然后生成另外一种粒子”，而是说“这两种粒子发生相互作用而产生另外一种粒子的概率是存在的。”因此，量子力学不会说“中微子不会与原子发生碰撞，因此也不会与原子发生相互作用”，而是说“单个中微子撞击单个原子的概率非常低”。对于某个中微子而言，这个概率太小了，小到它在穿越整个太阳的过程中不会撞上其运动路径上的任何原子。因此，很肯定的是，绝大多数中微子会轻易地穿过我们制造的任何探测设备而不被探测到，但很小一部分中微子会撞击探测器中的原子，我们可以通过探测到的中微子的数目和中微子与物质之间相互作用的微小概率推算出来自太阳核心的中微子数目。

我们通过概率理论中的“期望值”来计算。如果你掷 100 只骰子，你期望其中为“6 点”的面的数目大约等于总骰子数（100）乘以掷 1 个骰子时出现“6 点”的面的概率（1/6），也就是期望值为 50/3。因此，可以从出现的“6 点”的面的数目和这个期望值计算出投掷的总骰子的数目。中微子实验与此类似：每个中微子可以被看作是一个骰子，量子力学告诉我们中微子与物质相互作用的概率。只需要测量有多少中微子与探测器发生了相互作用，就可以估算出来自太阳核心的中微子的数目。

探测器越大，中微子就越容易撞上其中的原子。因此，太阳中微子探测器的关键性质是必须要足够大，并被屏蔽，以免其中的原子可能会被其他物质改变。在地球上，最好的方法是将探测器深埋在地下，从而屏蔽除了中微子之外的其他任何物质。第一台太阳中微子探测器是1967年由美国物理学家雷·戴维斯（Ray Davis）建造的，由100 000加仑（约379立方米）清洁液体（cleaning fluid）组成，位于南达科他州的霍姆斯特克金矿地下大约1英里（约1.61公里）处。清洁液体的主要成分是氯，如果被中微子击中，氯会变成氩的放射性同位素。继而，需要记录实验中产生了多少氩原子。在戴维斯的实验中，每2～3天会产生1个氩原子。

100 000加仑液体中只有1个氩原子，这听起来让人印象深刻，但当考虑到原子是多么微小时，会让人觉得更加印象深刻。原子的大小与原子的种类有关，原子的直径大约为100亿分之1到100亿分之几米。用另一种方式表述就是，1滴水中原子的数目比海洋中水滴的数目还要多。从100 000加仑的清洁液体中寻找1个氩原子比大海捞针还要困难。每2～3个月，戴维斯和他的团队往清洁液体中注入氦气，然后用一个精心设计的仪器使氦气循环流动，这个精心设计的仪器中的木炭会吸附任何产生的氩原子。随后，木炭会被送到一个叫做“比例计数器”（proportional counter）的仪器中。氩原子由于具有放射性，最终会衰变成氯，衰变过程中会放出1个电子。如果探测到这样的电子，比例计数器就会产生 1 个信号。

在实验设计领域，从理论角度能设计出如此简单的设备，虽然它很庞大，但这个极其简单的设备却很出色。结合深度和尺寸的要求，戴维斯使用了一种十分常见的物质（氯）来探测宇宙中最难以捕捉的物质。不同类世界之间的这种联系正是科学的成长之路。值得再重复一次的是：理论可以指导对探测的设计，探测结果被我们感知，感知则在探测中发生变化，会证实或者推翻理论。这是基本的科学循环，在戴维斯的实验中表现的是从非常多的清洁液体中寻找出偶然的氩原子。

探测到来自太阳的中微子是很伟大的成就，然而，探测结果与理论预言之间存在很大差距。戴维斯实验中探测到的太阳中微子的数目只有太阳模型理论预言的 1/3，这就是著名的太阳中微子问题。在目前这个从天气预报到股票市场的所有物体都没有精确模型的时代，人们很自然就会假设这个差异是不精确的太阳模型导致的结果。的确，有些天文学家和物理学家就是这么认为的，并对太阳模型做更仔细地检查工作，看看是否需要修正太阳模型。

难点在于，戴维斯实验中探测到的中微子并不是来自前面讨论过的主核聚变反应的第一步，而是来自不同的、更难发生的反应。因此，有理由相信太阳模型能解释太阳的能量来源，但得到的中微子数目是错误的。然而，对太阳模型几十年仔细的检验得到的结果相同。太阳模型预言的中微子数目大约是戴维斯实验探测到的中微子数目的 3 倍。

太阳中微子问题最近几年才最终被萨德伯里中微子观测台（Sudbury Neutrino Observatory，SNO，发音和“snow”相同，

SNO 是物理学家熟知的很多怪诞的缩写之一）解决。萨德伯里中微子观测台在戴维斯实验的基础上进行了相应的改进。和戴维斯实验一样，SNO 也被建造在一个废弃矿区的地下深处，但 SNO 使用的是重水（大约有 1000 吨）而不是清洁液体。“重水”听起来是个古怪的名词。在任何原子的原子核中加入 1 个中子就会使该原子变重但不会改变其化学性质。因此，氘（氢原子核中多了 1 个中子）就是重氢。水（H_2O）是由氢和氧结合而成的，因此重水就是重氢和氧结合而成的。重水的化学性质和水一样，但比水稍微重一点点，因为每个氢原子中都多了 1 个中子。

在戴维斯实验中，中微子通过将 1 个中子转变为 1 个质子和 1 个电子，把氯转变为氩。很久以前，科学家就知道有 3 种不同类型的中微子，我们一直在谈论的是电子中微子，另外两种分别叫做 μ 介子中微子和 τ 介子中微子。对这 3 类中微子的解释涉及粒子物理学的较深层次的内容。粒子物理学中，粒子有独立的 3 大“家族”，每个家族都有自己的粒子类型和中微子类型（好比害羞的孩子不和其他任何孩子交流）。其中的一个家族由电子、电子中微子和夸克组成，夸克是质子和中子的组成单元。

其他两大家族，我们并不太关心，但我们谈论的这些实验，既用到了又证实了几个物理学的不同分支。这对理解宇宙是很重要的，因为以自身的理解为目的，我们按照研究对象将科学分成不同的分支，但宇宙自身并不会这么分，宇宙不同的结构层次之间是互相关联的。就像管弦乐队的演奏既能因为第二小提琴的演奏而被肯定，也能被第二小提琴的演奏毁掉一样，恒星的光度也与中微子的性质有关。

就我们的目的而言，这些粒子家族中重要的是，电子中微子能将中子转变为质子和电子，但其他两类中微子则不行。因此，如果能确定太阳核心产生的一些中微子在到达探测器之前就已经转变成了 μ 介子中微子和 τ 介子中微子，那么，就能解决太阳中微子问题（因为，如果从太阳中出来的中微子只有 1/3 是正确的类型，那么，我们应该期望只会探测到当初希望探测到的中微子数目的 1/3，这正是戴维斯实验的结果）。

为了弄清楚这种解释是否正确，有必要建造能探测到所有三种类型中微子的探测器，这正是使用重水的原因所在。请记住，重水中的氘原子核是由 1 个质子和 1 个中子结合而成的。任何类型的中微子都能和氘发生碰撞，如果中微子有足够的能量，就会将氘核分裂成 1 个质子和 1 个中子。中子会衰变成质子、电子和反中微子，电子从水中穿过时会发光，就会被探测到。

SNO 的实验结果表明，探测到的中微子的数目与太阳模型的预言一致。理论和实验结合，使太阳中微子问题得以解决，并且至少我们有足够的信心去说，我们知道太阳的能量来源。这也使得我们对与太阳年龄有关的信息同样充满信心。（逻辑学中有种多米诺骨牌理论。如果 A 依赖于 B，B 依赖于 C，而 C 又依赖于 D，如果你证明了 D 是正确的，那么，C，B 和 A 都是正确的。）以目前的能量消耗速度，太阳大约在 1000 亿年后耗尽所有的氢燃料。请注意，这并不能直接告诉我们太阳已经燃烧了多久，或者它将持续多久。第二个问题的答案依赖于太阳最终将会消耗多少燃料，这是下一章要讨论的问题。

就像中微子给我们带来了太阳核心的直接信息，我们也希望知道有关太阳化学成分的直接信息，而不仅仅只依赖于光谱分析方法。如果两种独立的观测方法都得到相同的结果，那将是对这个结果和这两种观测方法所依赖的理论的支持。

更直接的观测是可能的。大多数情况下，太阳的每层物质都处在流体静力学平衡状态，引力与压力互相平衡。然而，对外层物质而言，情况并非如此（图 4）。当我们观察太阳时，会觉得太阳有明确的边界，与地球一样，这其实是一个错觉。太阳其实就是一个等离子体球（等离子体，即气体中原子丧失了电子后的状态）。太阳核心的等离子体密度最大，越往外密度越低。

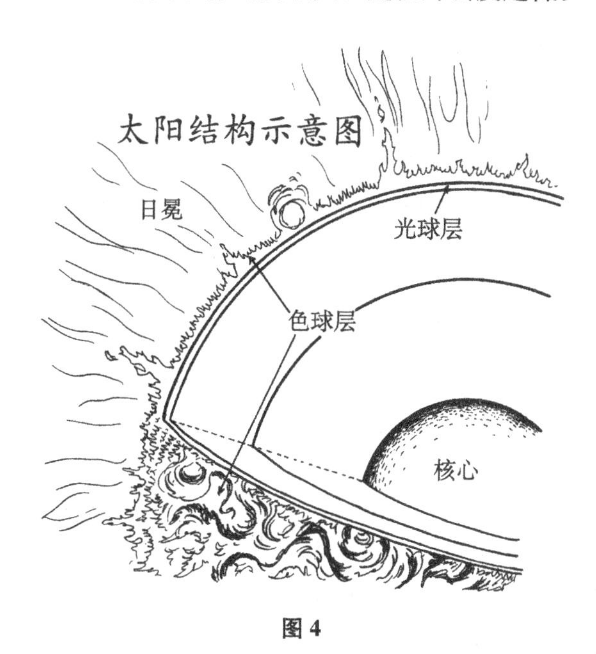

图 4

太阳好像有一个非常明显的表面，因为太阳核心发出的光在向外传播的过程中与原子核和电子之间不停地发生碰撞。光在到达我们眼中之前，与原子核和电子发生最后碰撞的地方，就是我们看到的太阳发出光的地方，这个地方就是光球层。光球层发出的光就是我们看到的光，也决定了我们看到的太阳表面。

然而，光球层之上并非没有等离子体。在我们看到的太阳表面之上，还有我们很少看见的太阳物质，最外层的是日冕。日冕中的物质并没有处于流体静力学平衡状态。然而，太阳磁场将大量的能量转移给日冕，这使得太阳的引力无法束缚住日冕，因此，日冕中的物质不断地流失。这种等离子体流被称作太阳风。太阳风粒子主要是质子和电子。

经太阳风而损失的太阳物质有多少呢？大约每秒有20亿千克。听起来好像很多，但太阳太大了，每10亿年经太阳风而损失的物质大约只占太阳质量的1/10 000。

太阳朝各个方向吹出等离子体风，在太阳系里形成了一股电流。在原子和亚原子层次上，我们周围的空间不完全是空的，而且太阳风很强，速度很快。其实，最近有人试图建造一艘由太阳风驱动的宇宙飞船，而这个想法来自科幻小说。遗憾的是，技术上的问题使这个努力受阻，但毫无疑问，仍需要做其他尝试。

太阳风是由间接观测发现的，因为太阳风造就了彗星的彗尾。当彗星从太阳风中穿过时，它们会和太阳风粒子积极地发生相互作用，产生彗尾。太阳风还是地球上（和地球之外）北极光的起因。在磁场中，质子和电子（实际上，是任何带电粒子）沿着磁场线做螺旋运动。带电粒子只能到达地球磁场的磁极所在的区域。地磁北极在地理北极附近，地磁南极在地理南极附近[①]。当带电粒子撞击大气层时，会使大气原子发生电离（迫使电子逃离原子）而发光，这种光就是北极光。相同的情况也在地理南极附近区域发生，并相应地称为南极光。

---

① 由于磁场磁极的命名习惯，地球的北磁极是指南针“寻找北方”（north-seeking）的那根指针，即指南针的北针（N）所指示的方向，因此，地球的北磁极的符号为S！虽然如此，地球的北磁极仍然称作地磁北极，而非地磁南极。——译者注

理论上，有可能通过直接“抓住”太阳风粒子，然后从中得知“离开太阳的物质是什么”以及一些关于“太阳由什么组成”的信息。最近的一些实验已经尝试这么做了。太阳风中，通常的压力和引力处于流体静力学平衡状态被打破。这种情况下，向外的压力超过了引力，物质流朝外运动，离太阳越远就越弱。

下一章，我们将介绍当引力超过压力，恒星坍缩成黑洞时将会发生什么——尽管对于太阳，我们已经了解了很多，但这还不够。虽然太阳离我们最近，是生命必不可少的，但它也只是一颗普通的恒星。为了加深我们的理解，我们必须还要了解宇宙中其他类型的天体。我们将利用对太阳的理解作为我们进入更宽广宇宙的第一级阶梯，这需要我们将太阳放在更广大的环境中，放在星系的空间中和恒星演化的时间中。在这个大环境中，太阳只是很普通的一颗恒星，一点儿也不特殊。

我们将会详细介绍恒星的生与死，特别是恒星死亡时变成黑洞时的情形。

第2级阶梯

黑洞

第 4 章　旧引力理论和新引力理论

然而，未曾有人觉察到，在探测世界和理论世界中存在着大的可怕（好吧，大质量）的黑洞。黑洞及其产生的现象已经被各种探测仪器广泛地研究过了，比如通常的光学望远镜和射电望远镜，以及太空中很多奇特的卫星，这些卫星是工作在紫外光波段、X 射线波段和 γ 射线波段的望远镜。目前，科学家通过测量黑洞碰撞时产生的引力波研究黑洞。有关黑洞的理论甚至被更多的理论学者提出。天体物理学家研究黑洞，是为了找到大质量恒星演化的最终死亡过程和一些星系中心巨大能量来源的本质。专门从事爱因斯坦广义相对论研究的广义相对论学家，将黑洞看作是广义相对论中最有趣的预言，并希望对黑洞的进一步研究会对广义相对论的性质和含义有更深入的理解。数学家发现，黑洞为晦涩难懂的微分几何和弯曲空间的研究提供了用武之地。粒子物理学家、弦论学家，以及其他对统一广义相对论和量子力学感兴趣的人发现，黑洞量子行为的研究是黑洞研究领域中成果最丰富的领域之一。这些天文观测和理论研究都表明，黑洞既是宇宙中最奇特的天体，也是最简单的天体。

为了理解黑洞，我们需要知道在它们成为黑洞之前是什么，因此，首先我们必须理解恒星。完全巧合（这根本不是我们设计的），对恒星的理解可以建立在我们对太阳的理解基础之上。我们不仅会使用在前面章节中得到的信息，而且还会使用相同的收集信息的方法，尽管是在不同的方向上运用这些方法收集信息。

前面，我们先是对感知到的太阳进行了“分解”，然后通过理论和观测将有关的信息组合在一起，因此，现在我们对太阳的了解要深刻得多。对于恒星，我们同样是用先将其“分解”，然后再组合的方式来加深我们对恒星的理解。为什么我们公正地说对太阳的分析同样适用于恒星，原因将在本章的后面进行阐述。

我们从感知到的天体（太阳）开始拆解和重建过程，并利用理论和观测，从这个过程中达到了理解它的目的。这次，我们将从首先存在于理论中的物体开始，然后再看我们能否观测到与理论相符的现象。无论是理论和观测能否发现未被发现的天体，或者是使用二类世界（即理论世界和探测世界）的观点能否发现真实宇宙中未被发现的天体，这都是对三类世界（即感知世界、探测世界和理论世界）极重要的检验。这是科学中两个相反的方向，在对太阳的讨论中我们已经使用过了。以前，我们看到了某件物体，但并不能理解它，因此我们借助科学去理解。现在，我们试图去理解，并从中寻找是否有什么物体需要去理解。在此，我们不是沿着从感知到探测，再到理论的途径从下而上，而是从抽象的理论世界到我们日常的感知世界的途径从上而下，去寻找目前尚未被发现的物体。

我们将从引力理论开始。然而，目前我们不会使用爱因斯坦创立的详细的现代引力理论，而是继续使用牛顿的引力理论来描述物体之间相互吸引的力。牛顿引力理论就是我们在前文中用来认识太阳的很多性质时使用的理论。

太阳和其他恒星是大质量的天体，会产生巨大的引力，这是实际观测的结果。我们从这个事实开始当前的主题。牛顿的引力理论认为，引力影响所有物体。我们将这个观点引入一个假设中，这个假设认为引力的这种影响对光同样适用。然后，我们将少许的这些观测和理论结合起来，就会产生一个理论问题。将观测和理论相结合，然后提出一些问题，这是科学研究中很重要的一步。这些问题会成为引导理论研究和设计恰当的实验来回答这些问题的向导。

在很多尝试中，这是有关问题的关键所在。问题充当思维的向导，使我们产生对答案的形式的期望，并形成未知的思想。请考虑以下这几个问题之间的区别："这是谁做的"，"这个是由什么造成的"，以及"这是如何发生的"。第一个问题创造了对一个人的预期，这个人促使了某件事情的发生。第二个问题仍然是对答案的预期，但期望的是一种不一定是由人引起的原因。第三个问题预期的答案是某种过程。来看一个详细的例子。

"饼干罐是如何打破的？"

"它从架子上掉到了地板上。"

"是什么打破了饼干罐？"

"地板。"

"谁打破了饼干罐？"

"嗯，是我，对不起。"

在此，我们用牛顿的引力理论提出这么一个问题：是否存在一类天体，它的引力非常强，连光都无法逃脱。真的存在质量足够大，我们无法看见的天体吗？

为了回答这个问题，我们先抓住可能用到的最相关的概念：逃逸速度（上一次在自由飘飞的氦气球中提到过它）。牛顿发现，在离地球越远的地方，物体所受到的地球引力就越弱。在地球表面以足够快的速度做远离地球表面运动的物体，将会摆脱地球引力的束缚。那么，物体的速度要多快才能脱离地球，在太空中遨游呢？（很抱歉这么表述，但这样表述使“逃逸速度”的概念更具诗意。）用牛顿引力公式进行简单、快速地计算就能得到逃逸速度的值。地球的逃逸速度大约为 11 公里/秒，这比我们投掷棒球时的速度要高得多，但正如我们所知，这个速度在利用火箭技术所能达到的速度范围之内。月球的逃逸速度大约是 2.4 公里/秒。

这也是为什么地球有大气层而月球没有的原因。在上一章中，我们简单地解释了地球大气中不存在氦，是因为较轻原子的运动速度很容易达到逃逸速度。月亮的引力场更弱，很重的原子和分子都很容易逃逸。月球上曾经有过的任何气体，在很久以前就已经逃逸了，因为这些气体因受太阳照射而变得足够热，从而飞离月球。

利用逃逸速度的计算公式和光速的值，就能在给定天体质量的情况下计算出当逃逸速度等于光速时该天体的半径值。这个半径值的计算公式就是

$$R=2GM/c^2$$

其中，R 是要求的半径，G 是牛顿引力常数，M 是天体的质量，c 是光速。需要注意的是，我们将这个公式写成了如果已知某个天体的质量，就能得到其引力半径的形式。之所以写成这种形式，是因为从中可以看出，任何质量的物体，无论在正常状态

下质量多么小，只要它的体积变得足够小，理论上就能成为这样的“暗”物体。因为引力依赖于质量和距离。同样的，我们可以将这个公式改写成在给定天体半径的情况下，要变成同样的“暗”物体时，所需要的质量值。实际上，你会发现，在回答一个相关的问题时，这个公式十分有用，即“给定一个确定的物质密度（单位体积的质量），要成为暗物体，需要多少次密度下的质量?”上面的半径公式就能用来回答这个问题。这是对公式的巧妙利用，即将描述同一个量的两个不同的公式结合起来，从而得到对这个量的新认识。

上述公式给出的半径叫做史瓦西半径，是以卡尔·史瓦西（Karl Schwarzschild，1873～1916）的名字命名的。史瓦西是德国天文学家，他发现了爱因斯坦引力场方程在球对称情况下的精确解。史瓦西是在他生命的最后时光（在第一次世界大战中，他在德国军队中服役时因感染疾病而去世），并且是在爱因斯坦发表广义相对论后不久后得到了这个解。对于他发现了爱因斯坦场方程的一个精确解，爱因斯坦感到很惊讶，而且这个解的形式很简洁。

至少，我们有两种不同的方法来使用这个公式。给定质量，就能得知它的史瓦西半径是多大，或者给定密度，就能计算出在此密度下需要多大的质量，才会使所得到的天体的半径等于它的史瓦西半径。好像将所有的天体看作是具有半径的球体可能过于简化了，因为宇宙中充满了各种形态各异的天体。但只要时间足够长，引力就倾向于将大质量的物体变成球状的（至少在它们旋转地不太快的情况下如此）。只要能确定，谈论球体就会不失一般性，并且后面我们还会将讨论扩展到旋转的黑洞，以便能包含大多数天体。

对于太阳，让我们同样问这两个问题。第一，太阳的史瓦西半径是多大？计算得到的结果大约为 3 公里。因此，如果太阳的半径只有 3 公里（直径 6 公里）而非 700 000 公里，太阳就会成为一个这样的暗物体。啊，就让我们称这些暗物体为黑洞吧。无论如何，这是我们将要去做的事情。第二，与太阳密度相同的天体，质量要多大才能成为黑洞呢？太阳的平均密度大约与水的密度相近，因此，经过计算我们得到，这个假想天体的质量大约是 1 亿个太阳质量（也就是说，它的质量是太阳质量的 1 亿倍）。

上面的讨论可能听起来像是一个现代理论，因为人们普遍认为，黑洞是现在的天体物理学家利用计算机和空间望远镜进行研究的领域，但上面的问题及其答案只需要牛顿的引力理论和简单的代数计算就可解释。实际上，上述所有的计算分别在 1783 年被约翰·米歇尔（John Michell）和 1796 年被皮埃尔-西蒙·马奎斯·拉普拉斯（Pierre-Simon Marquis Laplace）做过了。米歇尔在不经意间就已经显示出了我们在讨论中提及的不可见性。他发明了卡文迪许用来称地球的扭秤。拉普拉斯（1749～1827）是法国数学家、天文学家和物理学家。他是对数学和科学有着深刻影响的人之一。他以证明太阳系是稳定的而闻名。他对行星的运动做了大量研究，不但考虑了太阳引力还考虑了行星之间的引力对彼此运动的影响。有两个数学对象是以他的名字命名的：静电学中的拉普拉斯方程和微分方程中的拉普拉斯变换。拉普拉斯在拿破仑手下当了 6 个星期的内务部部长。拿破仑对拉普拉斯的表现印象并不深，并说他“到处在寻找最微妙之处，只有可疑的观点，并且将无穷小精神带到了内阁”。（我们并不清楚，拉普拉斯认为拿破仑的哪些记录是像数学家一样的记录。)

两百多年前，拉普拉斯和米歇尔对黑洞的研究处在理论概念的层面上，黑洞逐渐淡出了他们的视野，仅是思想上的好奇（不，这并不是前面那个“因为它们是黑洞，所以我们看不到”的笑话——习惯了就好）。黑洞作为广义相对论的一个必然结果再一次出现，即便如此，在一段时间内黑洞仍然只存在于理论研究中。我们将在后面介绍黑洞是如何被最终观测到的。目前，我们还将继续停留在理论世界中。

现在，因为有点担忧，我们先暂停。牛顿的引力理论被爱因斯坦的引力理论所取代。讽刺的是，我们必须问这么一个问题：经典的黑洞概念能否在现代理论中“存活”。牛顿的引力理论在物体运动很慢（与光速相比）和引力场不太强的情况下，与实际符合得很好。高速运动（光速是速度的极限）的物体要用爱因斯坦的狭义相对论来描述，强引力场（比如说，引力场强到光都无法逃脱时，就是足够强的引力场）需要用爱因斯坦的广义相对论来描述。米歇尔和拉普拉斯用来计算天体“困住”光的半径公式是从已经被取代了的牛顿的引力理论推导出来的，因此在实际应用前，必须用爱因斯坦的引力理论重新审视。

此时，有必要适当地介绍爱因斯坦的时空观是如何取代牛顿的时空观的。

数个世纪以来，牛顿的引力理论一次又一次被验证是正确的。这仅仅是由于牛顿引力理论的极限——高速条件和牛顿引力失效的强引力场条件——超出了科学家的探测能力。爱因斯坦的引力理论对牛顿的引力理论的代替开始于 19 世纪的一个很简单的问题：在传播光的介质中，我们运动得有多快？就像海浪是水正常高度的扰动，声波是空气正常压力的扰动，在19世纪，科学家认为光波也是某种介质的某种类型的扰动，这种介质被称为“以太”。

我们将会看到，这是“问题本身会带来误解”的一个例子。“我们在以太中运动得有多快”是一个自然要问的问题。为了回答这个问题，两名美国人，物理学家阿尔伯特·迈克尔孙（Albert Michelson）和化学家爱德华·莫雷（Edward Morley）在1887年设计了一个实验。因为这个实验，迈克尔孙和莫雷的名字在科学史上永远地结合在了一起。实验中使用了精心设计的“L型”设备，该设备由迈克尔孙发明，叫做干涉仪（图5）。他在“L”拐角处的光源前方放置了一个半透镜。半透镜的反射涂层很薄，能反射一半光，而让另一半光通过。（这种半透镜称为分束器。）半透镜的作用是将一束光分裂成两束，两束光分别沿着“L”的两个臂方向运动，并被臂末端的反射镜反射回来，最后又在“L”的拐角处汇合成一束光。

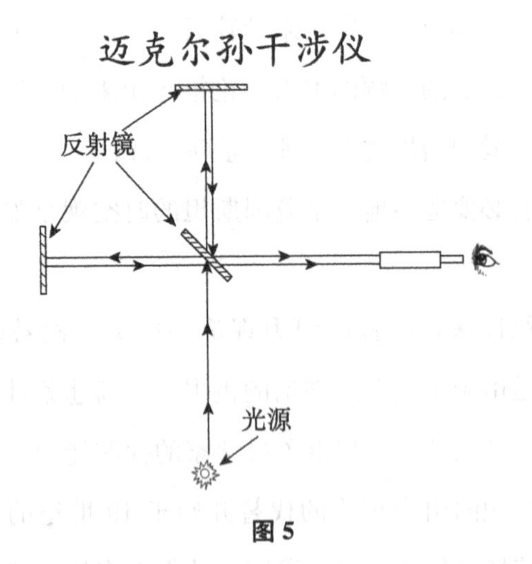

图5

如果这两束光在运动过程中花费的总时间相同，它们汇合后会叠加、彼此加强而更亮。然而，如果其中一束光花费的时间比另一束光花费的时间要多出光波周期的 1/2，那么，这两束光在汇合时会相互抵消，叠加后的光束就是完全黑的，这在波动现象中叫做干涉相消。将光看作是波，这会很容易理解。如果波束之间相差周期的 1/2，那么，一束波的波峰就会和另一束波的波谷相遇，两者叠加的结果就相互抵消了。这个实验的根据是，如果光在以太中以光速 c 传播，我们以与光运动方向相同的方向以速度 v 运动，将会测量到光速相对于我们的运动速度是 $(c-v)$。换句话说，当我们追赶光时，光看起来要运动的慢一些。现在，假设其中一条臂和光在以太中运动的方向相同。当光束向这条臂末端的反射镜运动时，就是“逆流而上”，而它被反射回来时，就是“顺流而下”，而另一束光则是“横穿以太流”运动。迈克尔逊和莫雷的计算表明，这两束光各自来回一次所需的时间不同，因此两束光在汇合时会发生干涉。如果改变整个实验装置的朝向，干涉结果也会发生改变。通过测量随实验装置旋转而改变的干涉条纹的总数，迈克尔逊和莫雷希望能计算出地球在以太中的运动速度。

迈克尔逊-莫雷实验的结果令人困惑。在旋转实验装置的过程中，根本就看不到光束干涉的变化。这意味着，我们并不是在以太中运动，我们测量到的光速值永远是 c。起初，有人可能假设由于某些奇怪的巧合，地球在以太中是静止的，但这显然不成立。因为地球在围绕太阳运动，不同的时间有不同的速度。迈克尔逊-莫雷实验在一年中不同的时间重复进行过，但得到的结果都相同。面对如此奇怪的结果，可能有人会怀疑实验操作不当。

但是，迈克尔孙为此奉献了一生，他的光学测量精度是当时最高的。他保持了对光速最精确测量的记录，而且曾经以 1 英寸（约 2.54 厘米）以内的精度测量了两座山峰之间的距离。如果愿意，你可以质疑其他的实验，但没人会质疑迈克尔孙：令人困惑的实验结果不能当作错误而被忽视，必须得到合理的解释。

1905 年，爱因斯坦用狭义相对论解释了迈克尔孙-莫雷的实验结果。他在重新审视牛顿力学和麦克斯韦电磁学基本原理的基础上创立了狭义相对论。在爱因斯坦的狭义相对论中，不存在以太，并且所有观测者测量到的光速都是 c。

最初，这个观点好像完全是疯狂的。如果观测者以 c/2 的速度追赶一束光，那么，观测者与光束之间的距离只能以 c/2 的速度增加。换句话说，观测者测量到的光速值为 c/2。但正如量子力学的先驱之一，奥地利物理学家沃尔夫冈・泡利（Wolfgang Pauli）评论的那样："爱因斯坦的理论并不像听起来的那么疯狂。"泡利是处理"听起来疯狂"的理论的专家。他提出了泡利不相容原理。泡利不相容原理是量子力学中基本原理之一，用来解释原子化学性质和为什么元素会排列成元素周期表。而且，泡利首先提出了中微子理论，建立了电子自旋理论。泡利因其尖刻的风格而在物理学家当中声名狼藉。有个传说是这样的：泡利是一个如此伟大的理论学家，以至于所有实验在他面前都可能出错。有时候，这被称为"泡利效应"。

相对论彻底地改变了人们对空间和时间的认识。牛顿认为，物体之间的距离和事件发生所需要的时间，无论谁测量，结果都是相同的。爱因斯坦觉察到，运动速度不同的观测者，测量同一距离和时间间隔时，会得到不同的结果。正是这种测量结果的差异，让所有观测者测量到的光速值都相同。我们将在后面对相对论做一些较详细的介绍，然而，相对论是个很大的话题，值得用其他好几本书来介绍（幸运的是，这些书都已经写好了），我们建议感兴趣的读者阅读这些书。

相对论的一个结论是，没有物体的速度会超过光速。尽管相对论似乎完全与所有的测量不符，但它被证明是正确的。现在，每天都能在宇宙线实验和粒子加速器中观察到相对论效应。

相对论解决了一个和光有关的谜题（即不存在以太，以及光速对所有观测者都是常数），但又带来了一个新的、与引力有关的谜题。这个新谜题与牛顿引力有关，并困扰了与牛顿同时代的人：超距作用。在牛顿引力理论中，一个物体作用在另一个物体上的引力，依赖于这两个物体之间的距离，当距离改变时，引力也会发生改变。当太阳运动时，太阳和地球之间的距离会瞬间发生改变，按照牛顿的观点，太阳作用在地球上的引力也会瞬间发生改变。让与牛顿同时代的人感到困惑的是，“引力已经发生改变”的信息如何瞬间穿过太阳与地球之间广阔的空间？

随着相对论的出现，原来只是困扰大家的超距作用完全变成“非法的”。超距作用意味着“信号”（与太阳位置有关的信息通过引力的改变“传给”地球）从太阳传播到地球不需要时间，因此“信号”的速度无穷大。这违背了相对论中任何物体的运动速度都不能超过光速的结论。

“相对论大错特错了！”可能有人会如此反驳道。但对爱因斯坦而言，牛顿的引力理论需要改变，并被更好的理论取代，而且新理论中，引力的任何改变的传播速度不能超过光速。爱因斯坦用了 10 年时间才提出了这样的新理论。新理论对距离和时间的看法发生了根本性的改变，使得距离和时间不但会因速度而改变，而且会因引力场而改变。这个新理论就是爱因斯坦在1915年提出的广义相对论，相比之下，他于1905年提出的理论被称作狭义相对论。这两个名称可能会有少许误导：狭义相对论之所以为“狭义”，是因为它只能用在没有引力或者引力足够弱，即引力对空间和时间的影响可以忽略的场合。

如果爱因斯坦的引力理论与牛顿的引力理论有着根本的区别，并且爱因斯坦的引力理论是正确的，那么，为什么19世纪大量的观测都没有显示牛顿的引力理论出错了呢？原因在于，当速度很低，引力很弱时，爱因斯坦引力理论的预言和牛顿引力理论的预言十分接近。这是任何新理论修改一个成功的旧理论时必须具备的性质。成功的旧理论必须做出能被实验检验的精确预言。新理论，要想成功，必须不能“在倒洗澡水的时候将婴儿也扔掉”[①]。在旧理论已经被实验验证了的情况下，新理论必须能做出一些与旧理论的预言有细微差别的预言，这些差别非常小，用原来检验旧理论的实验无法发现这些差别。此处，“低速”指的是与光速相比速度很低，“弱引力场”指的是处在其中的行星的轨道运动是低速的引力场。光速是个很大的值，为186 000英里/秒（约30万公里/秒），因此，很多我们熟悉的现象（除了光）都是以低速进行着。相对论中，太阳系的引力场就是弱引力场，我们可以从这点对弱引力场有个了解。科学家做了很多实验来验证相对论，这些实验涉及对牛顿引力理论的预言与爱因斯坦的引

---

① 意思是说，成功的新理论既要解决旧理论解决不了的问题，又要同时能解释旧理论已经成功解释的现象。——译者注

力理论在太阳系弱引力场环境下的预言之间细微差别的精确测量。其中一个检验与相对论出现之前的一些观测结果有关：牛顿的引力理论对水星轨道运动的预测与实际的观测之间有很微小的差异，这个微小差异能被爱因斯坦的广义相对论完美地解释。另一个检验是，日全食时爱丁顿观测到太阳的引力场引起了星光的微弱弯曲。

这些效应都非常微小，因而人们会认为广义相对论可能永远都不会对我们的日常生活产生什么影响，但对于任何使用全球定位系统（Global Positioning System，GPS）的人而言，事实并非如此。GPS 是一个非常复杂的卫星网，每个人都可以利用 GPS 确定自己的精确位置。每颗卫星都会发射无线电信号，这个信号包含了卫星的位置和发射该信号的时间等信息。一个 GPS 信号接收器，至少需要接收到其中 4 颗卫星的信号，然后利用卫星的位置信息和无线电信号以光速传播的事实就能计算出接收器的位置。为保证 GPS 系统能正常工作，卫星的轨道信息必须十分精确。此时，简单的牛顿引力理论就无法满足要求，必须用广义相对论。

用广义相对论如何得到逃逸速度达到光速的天体的半径呢？为了避免广义相对论所用到的深奥的数学知识，我们略去详细的计算过程，直接给出结果（广义相对论的形式很优美，但计算很复杂，如果你对详细的数学计算感兴趣，请参照广义相对论方面的书）。这个结果和牛顿引力理论的结果相同，即 $R=2GM/c^2$。

乍一看，这似乎是惊人的巧合，但其实不是。物理学中有一种很简单但却很有用的分析方法，叫做量纲分析。对一个既简单又重要的概念而言，量纲分析非常有用。这个概念就是，在进行测量时，人们总是必须要弄清楚谈论的是什么。量纲分析的关键之处在于，物理公式中涉及的量通常不只是简单的数字，而是包含了单位的物理量。前面的章节曾提到，“单位”就是在特定的环境中，数字“1”所代表的含义。

“那里有多少个？”

“1 个。”

“1 个什么？”这个问题的答案就是你使用的单位。

“某物的长度为 2”，这种说法毫无意义，但如果说“某物的长度为 2 米”，就是有意义的。因为“米”是长度单位。同样的，说“某物的速度为 2 米”也是没有意义的，因为“米”是长度单位，而不是速度单位，但可以说“某物的速度为 2 米/秒”。“单位”能让人们明白谈论的是什么。测量长度时使用长度单位（米、英尺、千米、英里、天文单位），测量质量时使用质量单位（克、千克、太阳质量），等等。

只有单位相同时，量和量之间才能进行加、减运算，因为参与加、减运算的量必须是同一类量。不能将“5 米”与“6 千克”相加，因为长度不能加到质量上。6 加上 5 得到 11，但 11 代表什么？有 11 个什么呢？无法得出有意义的答案。“5 米”加“6 千克”同样是完全没有意义的。但“5 米”加上“6 千米”则是可以的（因为米和千米都是长度单位），但首先要将其中一个量的单位换算成与另一个量相同的单位。既可以将“5 米”换算成“0.005 千米”，结果得到“6.005 千米”，也可以将“6 千米”换算成“6000 米”，结果得到“6005 米”。两者都代表相同的量，只是使用了不同的长度单位。

需要强调的是，加法和减法运算只能在单位相同的量之间进行，才能保证运算是有意义的。

对乘法和除法运算而言，就没有这种限制。不同的单位之间可以相乘或相除，通过乘法和除法运算能创造新的单位。比如，有一个长 3 米，宽 2 米的长方形，那么，这个长方形有“多大”呢？直觉告诉我们，两个宽度相同的长方形，长度大的长方形比长度小的长方形要大。同样的，两个长度相同的长方形，宽度大的长方形比宽度小的长方形要大。此外，我们都知道，对长方形而言，长度本身不是一个合理的量。我们不会说“这个长方形为 3 米”，因为这样说会忽视它的宽度。早期的数学家想出了将长度与宽度相乘的办法，并创造了一个新的单位，即 3 米×2 米＝6 米×米，或者说 6 平方米，抑或是 $6\mathrm{m}^2$。这意味着，我们度量长方形用的是 1 米×1 米的正方形作为度量工具。很肯定的是，这个长方形是由 6 个这样的正方形组成的。

与此相似，为了得到代表比率的新单位，我们可以将单位不同的量相除，其中最明显的就是速度。距离除以时间就得到速度。可以这样理解：某人走过某段距离所花费的时间，是其他人所花费时间的 1/2，那么，他的速度就是其他人的两倍。同样的，如果他在相同的时间内走过的距离是其他人的两倍，这也说明他的速度是其他人的两倍。我们用“米/秒”做速度单位，表示的就是“米除以秒”。

并非所有的量都必须要有单位。公式中有些量只是纯数字，即只有数字没有单位。假如有两名跑步者，其中一名跑步者跑 10 米远，花费了 5 秒钟，而另一名跑步者跑 10 米远，花费了 10 秒钟。那么，前者的速度就是 10 米/5 秒＝2 米/秒，后者的速度则是10米/10秒=1米/秒。如果分别用a代表前者的速度，b代表后者的速度，则有$a=2b$。在这个方程中，a和b的单位都是米/秒，2就是纯数字，没有单位。

请注意，上面的方程——实际上，对于任何方程——只有在两边的单位是相同的情况下才有意义。就如不能将长度和温度相加一样，当然也不能说“6米等于25摄氏度”。

史瓦西半径公式（即$R=2GM/c^2$）的左边为长度单位（R），因此，其右边也必须是长度单位（$2GM/c^2$）。史瓦西半径的本质是，质量为M的天体，当其引力强到能克服光速c时，史瓦西半径只依赖于引力常数、质量和光速c。结果表明，要通过G、M和c的乘、除运算得到长度单位，唯一的组合形式是kGM/c^2，此处的k是一个纯数字。在牛顿力学和广义相对论中，k的值都是2，这可能是巧合，但这个公式其余的部分则不是巧合。换句话说，因为在这两个理论中，决定史瓦西半径的量都只有G、M和c，而且要通过乘法和除法将它们结合在一起得到长度，GM/c^2是唯一的形式。我们被迫得到“这个公式将会是前面列出的形式”的结论，并且少量的计算就让我们得到了相同的史瓦西半径方程。

上述过程听起来可能抽象得让人觉得不舒服，但在科学中，就像生活中很多其他方面一样，无论你是否感到舒服，事物都会按照本来的方式运转。

尽管广义相对论中，史瓦西半径公式的形式和牛顿引力理论中的形式相同，但爱因斯坦的宇宙和牛顿的宇宙有很大的不同。特别是，相对论中时间的概念和通常的时间概念有重大区别。日常生活中，我们将时间分为“过去，现在和未来”，并认为这是观测上的事情，但在某种意义上，过去是（通过记忆的方式）探测到的，未来是理论中的。

宇宙中没有物体的运动速度比光还快，这一事实可以用来理解相对论中“过去”和“未来”这两个概念。因此，原则上说，所谓“过去”，仅仅是那些在过去能被探测到的部分；所谓“未来”，也只是那些能探测到现在的部分。一个未来的事件，不是简单指稍后将发生的事件，还指如果在稍后发生，并且在距离间隔足够近，能与现在发生联系，并能通过某种运动速度不快于光的信号辨认出来。换句话说，如果此时发出一束光（或者任何运动速度比光慢的东西），能以无论何种方式被某个物体在另一时间接收，那么，那个时间的那个物体就在我们的未来；如果某个物体在某时刻发出了一束光（或者任何运动速度比光慢的东西），能以无论何种方式被现在的我们接收到了，那么，这个物体就在我们的过去。

如果画一张时空图（只画出空间的两维，以免需要用四维的图纸），然后将现在的我们放在空间（0，0）和时间（0）的位置。那么，在牛顿看来，在这个空间平面上面的部分都属于未来，而在这个空间平面以下的部分都属于过去（图 6a），但爱因斯坦却不这么认为。

我们未来的边界，即那些我们此时刚刚能影响到，并且通过某些以光速传播的信息被辨认出来的事件，称为我们的未来光锥。过去光锥可以用相应的方式定义（图 6b）。在图 6 中，这些区域看起来像圆锥，因为为了表示时间，图中只保留了三维空间的两维。那些既不属于过去又不属于未来的事件叫做与我们隔离的类空事件。例如，一个此刻正在月球上发生的事件，就是与此刻的我们隔离的类空事件，这件事已经在与我们现在相隔 5 分钟的过去了，因为光从月球到达地球需要 1 秒多钟。

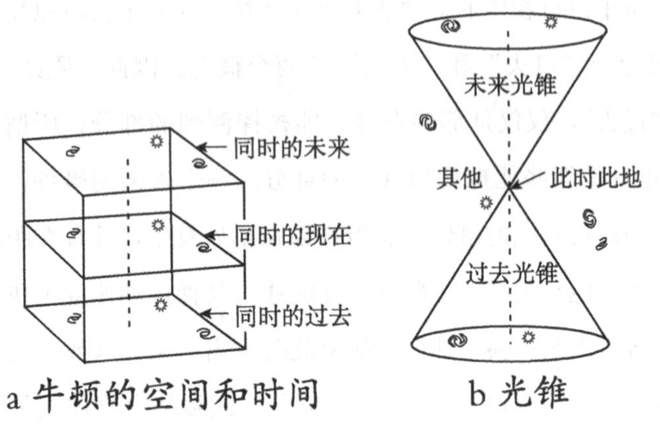

图 6

在很多时候，有大量我们不想称之为“现在”的类空隔离事件。爱因斯坦证明了“同时”依赖于观测者的运动。对任何两个类空隔离事件，都存在一个这样的观测者，在他看来，这两个类空隔离事件是同时发生的。换句话说，对任何两个给定的类空隔离事件，理论上都存在这样的观测者，其位置、速度和运动方向满足从这个观测者看来，这两个给定的类空隔离事件是同时发生的。这意味着，除了相对特定的观测者之外，相对论中的“现在”并不是一个有用的概念（因此，前面说的关于一个“此刻”在月球上发生的事件，应该认为是“我们看来的此刻”）。相比之下，此处所提到的“过去”和“未来”是独立于任何观测者的，因为“之前发生了什么”和“之后将发生什么”只依赖于速度比光速慢的物体的运动。

这表明了感知世界与真相世界之间的某种差异。这种差异就是，当前我们看来是直觉性的现象，实际上和我们的基本概念完全不一样。这也是科学规律的一部分，因为“好像是什么”和“应该是什么”之间并没有太大关系。

时间作为一个普通的概念，在相对论中遭受到了很多来自其他方面的“打击”。爱因斯坦假想了一个叫做“双生子佯缪”的现象。假设有一对双胞胎，一个留在地球上，另一个以高速在宇宙中旅行，然后返回地球。爱因斯坦证明了，不论是生物学上的变老过程，还是用时钟记录的流逝的总时间，留在地球上的那个人都要比在宇宙中高速旅行的人更老。

时间流逝与相对速度有关是理解“双生子佯缪”的关键，并由此产生了“固有时”的概念。每个观测者测量到的时间与其他的观测者测量到的时间是不同的。然而，如果观测者之间相距很近，并且以相似的速度和方向运动，那么，他们观测到的时间就会很接近。比如，对同一颗行星上的人而言，就是如此。他们都以大致相同的速度运动，并且受到的引力也相同。因此，尽管宇宙万物在不同的时间测量下流逝，但多数人都无法区分，并认为时间是相同的。因为我们用到的数据来源于观测，而所有的观测者（从大范围来讲）都在同一个地方并且运动状态都相同，因此，实际上这些观测者都是相同的观测者。目前地球上有 70 多亿人，就相对论所考虑的范围，这些差异并不是很显著。

固有时实际上是特定观测者的本地时间，也就是该观测者沿某路径运动时，其时钟所记录的时间流逝。在广义相对论中，必须由公式（称作度规）来得到空间中每点和时间上每刻的光锥，并对每条路径都能计算其相应的固有时（这样就可以将不同观测者之间的时间联系起来）。因此，广义相对论是一种关于将空间和时间结合在一起的理论，即时空的理论。

相对论也是一种引力理论，在广义相对论中，物体在引力场内的运动是沿着固有时为最大值的路径进行的。对观测者而言，这意味着强引力也会像相对速度一样，影响时间和距离（尽管其计算更复杂）。在相对论中，引力不仅仅是物质的一种性质，它还塑造了宇宙的形状（将在后面对此进行详细的介绍）。

简而言之，这就是爱因斯坦的广义相对论。我们省略了一些内容，比如爱因斯坦场方程。从爱因斯坦场方程可以得到度规及其性质。换句话说，我们省略了科学家在研究广义相对论时需要用到的数学和理论工具。这将我们带入了学习科学时很重要的一个方面。科学家需要了解自己研究领域的知识，以便他们能扩展这个领域，但想要了解科学的读者（包括想要去了解其他科学研究领域的科学家）并不需要清楚地知道其中的细枝末节就能理解它。这就好比汽车工程师和汽车司机之间的区别。汽车司机需要知道的是某个零件是否在正常工作，并不需要精确知道它是如何出错的，而工程师则需要知道如何让它重新开始工作。爱因斯坦可能是最好的“工程师”。爱因斯坦将“汽车”拆解开，“粘”上手工制作的“部件”，将牛顿的斯坦利蒸汽车改造成了赛车，使得高速运动的时钟成为可能，尽管它有一些很沉重的部件和冷酷的外形。

引申这个比喻，将把我们带回到神秘的黑洞。

第 5 章　相对论中的黑洞

高速运动和强引力场，这两个使相对论变得很重要的条件，在黑洞中体现得很明显：高速是因为连光都无法逃脱，强引力场的原因就更明显了。尽管我们最先在牛顿引力理论中介绍黑洞，但要理解黑洞，我们需要用到相对论。基于对牛顿引力理论的理解，米歇尔和拉普拉斯曾问：如果某个物体的半径比它的（后来称之为）史瓦西半径还要小，它会有哪些性质？他们的结论是，对一颗恒星而言，它有可能以一个小于史瓦西半径的半径而存在，但它所发出的任何光最终都会落回到这颗恒星而无法逃离，因此无法被我们看见。我们只能通过这类“暗星”产生的引力效应来得知它们的存在。

在广义相对论中，有引力场很强的物体存在时，光锥将向内“倾斜”。在史瓦西半径处，光锥的强烈倾斜，使得通向未来的所有方向都指向了半径减小的方向，因此，所有的物质都向内运动。大部分恰好处在史瓦西半径处的光也将向内运动。只有恰好在史瓦西半径处发出的、指向“向外”的光，才不会落入黑洞。换句话说，恰好在史瓦西半径处，远离黑洞中心向外运动的光子既无法逃离也不会往下落，但其他所有位于史瓦西半径处或以下的物体，都将往下落。然而，这些光子的命运很奇特，它们会永远留在史瓦西半径处，以光速运动但却无法到达任何地方。在《爱丽丝镜中世界》（Through the Looking-Glass）中，红皇后告诉爱丽丝，在镜中世界，为了保持在原地你必须要跑的尽可能快，如果要到达某个地方，就必须要跑到原来的两倍快。对恰好位于史瓦西半径的光子来说，悲哀的是，无论镜子安置在哪边，要以两倍光速运动都是不可能的。

在史瓦西半径以内，一切物质都将朝中心下落，因为即使站着不动，也需要运动速度超过光速。用广义相对论的话来说就是，所有未来的方向都指向半径减小的方向。物体既不能从黑洞逃离，也不能停止朝中心的运动，更不能及时向后退。如果一颗恒星变得足够小，使得它的质量都被包含在史瓦西半径以内，那么，这颗恒星的每一颗粒子都将继续向下落，使得整个恒星都塌缩到中心"点"上。这个完全塌缩后形成的物体就是黑洞，中心点被称为奇点。奇点处的引力太强，以至于连广义相对论都无法描述，需要结合广义相对论和量子力学，即量子引力来描述（量子引力理论仍然在建立中）。

物理学家将以奇点为中心，以史瓦西半径为半径的球面叫做黑洞的事件视界，并将事件视界以内的部分称为黑洞内部，以外的部分称为黑洞外部。黑洞外部的事件属于探测世界，因为它们的光能到达我们。那么，黑洞内部是什么呢？是探测世界的一部分吗？如果不是，又如何辨别那些我们无法探测到的事物呢？

只有信号从黑洞内部出来并到达我们这里，我们才能探测到黑洞内部发生的事件，然而，根据广义相对论，这样的信号必须要比光运动的更快才能逃脱。广义相对论认为这是不可能的，因此，只要我们待在黑洞外部，那黑洞内部就是无法直接探测的（需要继续探索的是，量子引力理论是否也认为黑洞内部是无法探测的）。

这个困难比我们面对太阳光球层时所遇到的要难得多。来自光球层的光为我们提供了关于太阳外层的直接信息，但不包括于光球层之下的信息。然而，就太阳而言，通过光我们可以获得间接信息，因为光球层之下的物质会对发出的光有影响，此外还可以通过除了光之外的其他物质得到直接信息，比如来自太阳核心的中微子。

对黑洞来说，信息是绝对禁闭的。根据广义相对论，没有任何物体或任何信息能从黑洞的内部到达外部。只要我们位于黑洞外部，黑洞内部就会保持绝对未知。正因此，黑洞内部不是探测世界的一部分。宇宙自己画了一条线，并说："这条线之外是不可见的。"

然而，黑洞内部是理论世界的一部分。我们有理由相信广义相对论是正确的，就这个方面来说，我们也有理由相信广义相对论对黑洞内部的描述。然而，只要我们停留在外部，我们将永远无法用探测手段来检验这些描述。此外，即使在理论世界中，黑洞外部和黑洞内部之间也有明确的界限。因为没有物体，也就没有影响能逃离黑洞。理论预言，黑洞外部发生的任何事件不以任何方式依赖于黑洞内部发生的任何事件。因此，在构建黑洞外部的理论时，我们可以完全忽略黑洞内部。

如果我们被阻挡在黑洞内部之外，那么，这是否也阻止了我们将科学方法应用在黑洞上呢？这是否会让人很烦恼呢？黑洞就是这样让人着迷，但我们无能为力，不过，我们可以分开来研究。黑洞外部依然是探测世界的一部分，而且黑洞的性质仍然是理论世界的一部分。这意味着，我们能研究黑洞外部。我们能创建关于黑洞事件视界和黑洞外部的理论，但要成为科学，而不仅仅是像马克·吐温抱怨的那种猜测，黑洞必须要有一些我们能探测的现象。我们必须将它们从理论上拉下来——急切补充下，并非真正将它们放入实验室，因为这可能有很麻烦的后果，比如对太阳系的一切物体而言。

那么，让我们从头开始。但这次不是从头介绍黑洞理论，而是介绍黑洞来自哪里。理论研究表明，如果某个物体的半径小于其史瓦西半径，那么它将坍缩为黑洞。任何物体都会如此吗？我们将首先从恒星开始考虑这个问题。曾经有恒星塌缩成为黑洞吗？之所以从恒星开始，一个原因是，太阳是太阳系中最大的、引力最强的天体，另外的原因是，恒星都是与太阳类似的天体，这将在后面详细介绍。

乍一看，恒星似乎不太可能变得足够小而成为黑洞。太阳是一颗很典型的恒星，它的半径大约是7×10^5（700 000）公里，但它的史瓦西半径仅有3公里。因此，如果太阳的半径是它目前半径的大约1/200 000，那么，太阳将会变成黑洞。如果从密度来考虑，情况会显得更极端。太阳的平均密度和水的密度很接近，但如果它缩小到史瓦西半径大小，那它的密度将增大10^{16}倍，这甚至比原子核的密度还要大。面对如此巨大的数字，人们很自然会认为这种引力塌缩是不会发生的。

但当我们将这个问题反过来，不是问“恒星能否塌缩”，而是问“是什么阻止了恒星在自身引力下的塌缩”，那么，情况就会发生改变。回想一下，太阳处在流体静力学平衡状态，使太阳塌缩的引力与使太阳膨胀的压力相互平衡。因此，通过产生压力，太阳阻止了塌缩。

那么，太阳是如何产生压力的呢？通过燃烧燃料。热气体（或者在这种情况下被叫做热等离子体）有压力，而且温度越高，压力越大。从这个角度来讲，为了避免塌缩，太阳正在燃烧自己。为了保持这种平衡，太阳会尽可能快地消耗它的燃料，但以这种方式来阻止塌缩，是不可能永远有效的。最终，恒星会耗尽所有的燃料，也就失去了维持压力的能力。尽管燃料已经耗尽，但引力依然存在，因为燃料耗尽后的产物仍然是太阳的一部分。实际上，太阳的核聚变反应一直在同“永不退休”的引力竞赛，不屈不挠，也不在乎对能量的需求。在这个竞赛中，会“退休”的竞争者将会“筋疲力尽”，而坚持不懈的对手将会最终胜利。

如此看来，恒星会无法避免地塌缩成黑洞。按照这个逻辑，每一个没有了能量来源的物体都会变成黑洞。地球也将会变成黑洞。但是，地球是不会变成黑洞的，因为它有其他的、以非燃料为基础的压力阻止地球塌缩，比如坚硬的地壳、地幔的流体静力学压力等。如此一来我们又会问这么一个问题：当恒星的燃料耗尽后，有其他的压力来源吗？换句话说，如果燃烧产生的压力消失了，还有别的什么因素能阻止恒星塌缩吗？

首先，我们可能会猜测原子之间的化学力会起作用，这同固体或液体中的化学力一样。这些力是吸引力，将原子拉近，直到达到一个特定密度为止，接着，原子之间会互相排斥而抵抗进一步压缩。我们都知道，电磁力比引力强，因而我们可能认为，燃料耗尽后，电磁力是保持压力的一个候选者。这样，我们可能猜测，当燃料耗尽后，恒星会简单地变成固体或液体，并且这类物质的正常压力足以平衡引力。地球就是如此。地球处在流体静力学平衡状态，而且不通过燃烧任何燃料来产生压力。然而，太阳要比地球大得多，太阳上的引力也就强得多，用来平衡地球引力的微弱化学力，相对于太阳的质量产生的引力而言是非常弱的。即使被压缩到大于正常的固体和液体密度，太阳物质仍会保持等离子体状态。

恒星有哪些（如果有的话）其他的压力来源呢？的确有，这就是被称作“简并压”的压力。简并压与量子力学中的两个性质有关：不确定性原理和泡利不相容原理。不确定性原理由沃纳·海森堡（Werner Heisenberg，1901～1976）提出，是量子力学的基本原理之一，也是对这个难以捉摸的物理领域产生误解的主要原因。对不确定性原理的探讨也贯穿在对那些披着量子理论外衣的伪科学的剖析中。不确定性原理，通常是指粒子位置测量得越准确，其速度测量得就越不准确，反之亦然。换句话说，对物体的位置和速度的测量有个基本极限精度。要论述不确定性原理的原因会占据我们太多的时间和篇幅，简单地说，不确定性原理为探测设置了一个极限，它可通过实验证实。换句话说，不确定性不仅仅是理论世界的一部分，在挑战探测的过程中，它自身也能被检验。

就我们的目的而言，我们打算将不确定性原理重新表述为：在小尺度上，物体一直在运动。被局限的区域越小，物体运动得越快。如果将粒子限制在很小的盒子中，粒子将会飞遍盒子内所有的空间。因为快速运动的受限粒子会“抵抗”与它接触的任何物体，从而产生压力。因此，在足够小的尺度上，不确定性原理会产生压力。

泡利不相容原理与电子的能级或者量子态有关（在介绍原子的内容中我们介绍了电子）。如前所述，无论是否在原子中，电子都只能有确定的量子态。泡利不相容原理是说，每个量子态只能由 1 个电子占据。在给定能量的情况下，如果所有能级上都填满了电子，那么，下一个电子只能占据更高能量的能级。

将不确定性原理和泡利不相容原理结合起来就会得到，如果将一定数量的电子限制在很小的空间中，就必须增加电子的能量，迫使电子占据更高的能级。这就意味着，对于电子气而言，无论温度是多少，都会抵抗压缩。压缩越厉害，需要的能量就越多（因为电子是从最低允许能级开始填充的，按照不确定性原理，受限的空间越小，电子速度就越大，因此每层允许能级的能量就越高）。换句话说，即使温度不高，电子气也有压力。这种压力就被称为简并压。

有些读者会认为简并压可能与带相同电荷的电子互相排斥的现象有关。然而，事实并非如此。恒星中的电子和等量电荷的质子都处在等离子体中，总电荷为 0。电子（以及质子）之间的相互排斥完全被电子和质子之间的相互吸引抵消了。然而，简并压仍然存在，甚至不带电荷的中子也会有简并压，因为中子也遵循不确定性原理和泡利不相容原理。

等离子体中有质子和电子，那么，我们可能会认为恒星上也存在质子的简并压。然而，质子要比电子重大约 2000 倍。在其他条件都相同的情况下，粒子的质量越大，其简并压就越小。恒星上既有电子简并压又有质子简并压，但质子简并压是可以忽略的。

我们一般将不再进行核聚变反应，并以电子简并压抵抗引力的天体叫做白矮星。恒星必须要被压缩到非常高的密度，电子简并压才会变得足够大，以抵抗引力，但这样的高密度对形成黑洞所需要的密度而言，仍然是不够的。一颗典型的白矮星的质量大约为 1 个太阳的质量，大小与地球相当。

读者可能会认为，所有耗尽了核燃料的恒星都将变成白矮星。然而，20 世纪 30 年代，天体物理学家苏布拉马尼扬·钱德拉塞卡（Subrahmanyan Chandrasekhar）证明了事实并非如此。虽然出生在印度，后来在英国接受教育，但钱德拉塞卡大部分研究是在美国进行的。他对理论天体物理学贡献很大，对白矮星的研究是最出名的。钱德拉塞卡有着广博的物理知识，并且不畏惧甚至是最困难的计算，他（就像他的同事们所了解的）一直对天体物理学和广义相对论中的基本问题进行研究，直到 1995 年逝世，那时的他已是 84 岁高龄。他的著作《黑洞的数学理论》（The Mathematical Theory of Black Holes）中的一些公式的长度超过了一页。计算时，他经常将演算纸放在旁边，因为正常纸的宽度不够，无法完整容纳他写下的公式。

钱德拉塞卡研究了引力和压力之间的竞争。他猜测，在某个时候恒星的简并压太小，不足以平衡引力，那么，恒星在引力的作用下会收缩，这会导致简并压升高（盒子越小，运动越快，能量越高）。有些读者可能会认为，恒星最终会收缩到使压力和引力平衡的状态。然而，当恒星已经发生了收缩，其各部分物质之间就会比收缩前离得更近。从牛顿的引力公式可以得知，这意味着压缩恒星的引力会更强。换句话说，当星体收缩时，引力和压力都会变强。

在这个过程中，是否存在某个时候引力和压力平衡，当时人们并不清楚。为了回答这个问题，钱德拉塞卡利用流体静力学平衡方程和电子气的简并压方程做了详细计算。其计算结果表明，白矮星的质量有存在上限值。这个上限质量大约为 1.4 个太阳质量，这就是被著名的钱德拉塞卡极限。如果恒星塌缩后形成的白矮星的质量超过钱德拉塞卡极限，压力就无法抵抗引力。因此，白矮星的质量只能低于钱德拉塞卡极限，也就是说，不存在质量超过钱德拉塞卡极限的白矮星。

现在，读者可能认为恒星有两种归宿。开始时质量低于钱德拉塞卡极限的恒星将以白矮星为归宿，而开始时质量高于钱德拉塞卡极限的恒星将成为黑洞。然而，由于存在以下三种复杂的情况，这种猜测显得并不是很准确。一是每天都会发生的恒星现象，即恒星质量损失；二是难以置信的剧烈恒星事件，即超新星爆发；三是刚提到过的量子现象，即中子简并压。

第一种情况，恒星质量损失是一种简单、可测量的现象。回想一下，太阳通过抛射外层物质形成太阳风。对于现在的太阳，这种质量损失足够小，完全可以忽略。然而，处于演化晚期的恒星抛射质量的速度要快得多。因此，开始时质量超过钱德拉塞卡极限的恒星可以通过抛射足够多的物质而使其质量小于钱德拉塞卡极限，从而成为白矮星。

几个世纪以来，超新星是偶尔被记录和注意到的、很稀少的恒星事件。超新星能短暂照亮夜空，并盖过所有其他星体的光芒。为了理解超新星，我们必须详细研究当恒星由于质量太大而无法成为白矮星时，耗尽燃料后将会发生什么。在这种情况下，认为恒星是由如下两部分组成是很有帮助的，即恒星中心区域是密度很高的“核”，其他是密度不高的“包层”。这个模型比前面用到的模型更简单，但更实用。这也是科学的一个原则：如果不需要更复杂的模型，那就别用。大部分情况下，牛顿的运动定律能很好地描述物体的运动——我们不需要用微分几何去计算汽车跑得有多快。同样的，要弄明白爆炸时恒星发生了什么，我们不需要精确了解恒星的所有物质层。

在燃料几乎已经耗尽的恒星内部，当质量达到钱德拉塞卡极限时，核心的原子核和简并电子就会塌缩。在塌缩的过程中，电子和质子结合，产生中子和中微子。结果是，会留下一个中子核心并释放大量能量。最初，这些能量由上述过程中产生的中微子携带，但这些中微子很多被吸收了，大量能量转化为相互作用形式的能量。因此，在被称为超新星的巨大爆炸中，能量被转移给了恒星的包层而不是在不同粒子之间自由转移。在爆炸中，包层的大部分物质被抛射了出去，剩余部分会回落至核心，成为核心的一部分。因此，超新星是将两个过程合二为一的：核心的引力塌缩和包层爆炸性抛射。核心引力塌缩释放的能量是爆炸的能量来源。爆发后的核心是大量中子的集合，其密度和原子核的密度差不多。通常，这个中子核心的质量超过太阳质量，但比一个大型城市要小，这就是中子星。

是什么阻止了中子星在其自身巨大引力下的塌缩呢？正是中子简并压。前面我们忽略了中子简并压，是因为在有大量电子存在时（比如，白矮星内），电子简并压要比中子简并压高得多。中子星主要由中子构成，只能由中子简并压阻止其进一步塌缩。然而，就像由电子简并压支撑的白矮星有极限质量一样，由中子简并压支撑的中子星也有极限质量。

中子星极限质量的计算比白矮星要复杂很多，因为必须考虑强力。也就是说，将中子星看作是一团中子气，是完全不准确的。人们可能会将中子星看作是一个由引力维系的巨大的原子核，但中子与附近中子之间相互作用的强力仍然很重要。对在中子星高密度下的这些相互作用，人们还有很多不清楚，部分是因为用关于强力的理论进行计算会很复杂，已有的研究还不够深入。然而，目前通过强力的理论研究和核反应的实验检验得到的对强力的了解，足以用来估算中子星的极限质量。当对强力的理解更深入时，这些大体准确的计算就可能需要修正。这些计算给出的中子星极限质量的估算值大约为 2 个太阳质量。请记住，这不是恒星的初始质量，而是经质量损失和超新星爆发抛射出大量包层物质后剩余的质量。

现在，我们至少能从理论上回答“恒星能否成为黑洞”这个问题。考虑一颗质量足够大的恒星，经超新星爆发后，其残留的中子核心与未被抛射的物质之和超过中子星极限质量。这颗恒星经历彻底的引力塌缩就成为黑洞。反过来，我们也可以从理论上解释“黑洞来自哪里”。如果恒星的质量足够大，并经过引力塌缩成为超新星后还保留了足够多的质量，那么，（理论上）它就会变成黑洞。

因此，恒星有三种可能的归宿：成为白矮星、中子星或者黑洞。究竟将成为哪类，取决于恒星的初始质量。质量较小的恒星会变成白矮星，中等质量的恒星会变成中子星，而大质量的恒星会变成黑洞。

只讨论恒星的死亡可能是不公平的（特别是因为我们的生命极其依赖于其中一颗恒星，即太阳的一生），因此，为了公平、宽容以及避免对宇宙过于恐怖的描述，让我们来看看恒星的一生，好吗？

第6章 恒星的一生

主要由氢和氦组成的气体云在自身引力作用下向内收缩，从而诞生了恒星。在收缩的过程中，由于开尔文-赫姆霍兹机制，气体云的温度会升高。最终，气体云中的原子温度变得足够高（因此也足够快）而可以点燃氢的核聚变反应。核聚变反应过程中释放的能量进一步加热气体云，就会点燃更多的核聚变反应，直到大部分气体云都发生核聚变反应，恒星就诞生了。在这个阶段，正如我们所见，恒星会以稳定、规律的速度释放能量，如果碰巧有行星围绕恒星旋转，行星就会受到恒星持续的照射，进而可能在行星上引发气象过程和化学过程。其中某些过程可能会很有效地利用恒星的能量，可能产生诸如气候、生命以及其他的现象，但对于恒星的生命周期而言，这些都只不过是副产物，并不是我们关心的内容。

恒星的大部分时间处在氢燃烧阶段。氢聚变的产物是氦（以及前面提到过的光子和中微子），产生的氦在恒星的核心处不断积累，提供产生引力的质量，但氦自身并没有进行核聚变反应，因而也不会提供有助于抵抗引力的热压力。

最后，核心处积累了足够多的氦（氦核）使得氦核的引力超过热压力，这样氦核就会塌缩。一般认为氦核的塌缩会重复恒星形成过程中的开尔文-赫姆霍兹机制，这对我们理解点燃氦的核聚变反应是有帮助的。核心会随塌缩而变得更热，这会产生有助于延迟（或者至少会减慢）塌缩过程的压力。

最终，氦核的温度会变得足够高而点燃氦聚变反应。氦聚变反应比氢聚变反应需要更高的温度，这有两个原因。一个原因是，氦原子核所带的电量是氢原子核的 2 倍，因此两个氦原子核之间的排斥力是两个氢原子核之间排斥力的 4 倍。所以，要让氦原子核之间相互碰撞而不是互相推开，氦原子核在运动时就需要更高的能量。另一个原因是，氦核聚变反应的过程更复杂，涉及 3 个氦原子核结合生成 1 个碳原子核。为什么氦核聚变不是简单地结合两个氦原子核呢？因为当两个氦原子核结合时，会形成由 4 个质子和 4 个中子组成的铍的同位素。然而，铍的同位素是不稳定的（这属于出于核物理的范畴的原因，我们在此不打算深入讨论），会很快分解为两个氦核。

氦核聚变生成碳的过程可以看作是由两个步骤组成的。首先，两个氦核结合成铍，如果在铍分解之前与第三个氦核结合，就会形成稳定的碳。一旦形成了碳，碳会和另一个氦核聚变形成稳定的氧。因此，在氦聚变燃烧阶段，恒星核心所含的碳和氧会越来越多。相比铍而言，碳核和氧核为稳定的核。恒星燃烧氦时，释放能量的速度要比燃烧氢时快得多。也就是说，恒星会发出更多的光。巨大的能量释放会使恒星的包层膨胀，使它成为红巨星。这对“快乐地享受着”平静的“氢聚变光子浴”的行星来说，是个坏消息。

接下来将发生什么，将依赖于恒星的初始质量（即恒星在点燃氢聚变反应时具有的质量）。对于初始质量小于 8 个太阳质量的恒星而言，其核心的温度永远都达不到点燃碳的核聚变反应所需要的温度，它会逐渐抛射掉包层的物质，接着碳氧核心会变为白矮星，并慢慢冷却。

然而，初始质量超过 8 个太阳质量的恒星会有更大的压力和更高的温度，因此碳氧核心的温度会变得足够高，能够点燃碳核之间以及氧核之间的核聚变反应。这些反应会生成大量的重元素，包括氖、钠、镁、硅、磷和硫等。

因此，有些人可能会认为这类反应会一直继续下去，并通过制造更重的元素来产生能量。但回想一下太阳和氢弹之间的相似性，再回想一下，还存在另一种类型的核弹（原子弹），其能量来源是一个重原子核（铀或钚）分裂成两个较轻的原子核时释放出的能量。这两类炸弹形成了很奇特的对比。那么为什么聚变（将两个或多个原子核结合成一个原子核）和裂变（将一个原子核分裂成两个或多个原子核）都能产生能量呢？

原子核内有结合能。结合能是“拆解”原子核时所需要的能量。核反应能将具有特定结合能的原子核结合，重新排列成具有更高结合能的新原子核，并释放能量。强力可以将质子和中子结合在一起而使得原子核具有结合能，但质子之间由于存在彼此排斥的电磁力而使得这个结合能有所降低。此外，每个质子和中子都必须处在确定的能态，当低能态被填满后，占据高能态就需要更多的能量，这也会降低结合能。这些因素综合起来，就使得最轻的核和最重的核是束缚最弱的核，而中等质量的核则是束缚最强的核。因此，轻元素的核聚变和重元素的核裂变都能释放能量。

在所有元素中，有一种结合能最高的元素——铁。铁核聚变或者裂变都是需要吸收能量的。就原子而言，铁原子是个“能量槽”，完全没有用处（当然，从化学上讲，如果没有铁元素，我们这样的红色血液生物是无法生存的）。因此，在恒星演化中，作为演化“引擎”的核聚变反应，只有在产物是铁或比铁轻的元素时才会释放能量。一旦恒星在核心产生了铁，铁是无法成为核聚变燃料的。这并不意味着无法形成比铁重的元素，而只简单地说明了需要更多的能量才能形成比铁重的元素。铁会在核心积累，直到质量超过钱德拉塞卡极限后开始塌缩，并导致超新星爆发。

实际上，超新星爆发是所有比铁重的元素的制造工厂。超新星爆发的能量将中子猛烈撞入重原子核，形成更重的原子核。这些重原子核中的一些中子会发生 β 衰变，成为质子。元素是由原子核中的质子数决定的。如果一个中子撞入铁（原子序数 26）中，再发生衰变，铁就变成了钴（原子序数 27），再撞入一个中子，就会变成镍（原子序数 28），依此类推。实际上这种解释比较混乱，但你其实应该已经明白了。请注意，这个过程发生在体现超新星爆发威力的恒星包层中，物质在被超新星爆发抛射出来时转变成了较重的元素。

塌缩之后，核心是变成中子星还是变成黑洞，取决于从包层回落的物质的多少。据估计，初始（即刚开始点燃氢时）质量在 8～25 个太阳质量之间的恒星最终会成为中子星，而初始质量大于 25 个太阳质量的恒星最终将会成为黑洞。

恒星的历史也是化学元素起源史。所有比氦重的元素都是在恒星中产生的，而所有比铁重的元素都是在超新星爆发过程中产生的。比如，我们身上的每一个原子，除了氢原子外都是在恒星核心产生的。

我们怎么知道这就是元素的起源呢？其实我们可以在一定程度上进行检验。构成太阳系的物质来是在上一代恒星中产生的。太阳光谱和陨石化学成分分析能为我们提供太阳系内元素相对丰度的信息（比如碳原子数与铁原子数的比值）。利用来自恒星发出的光的信息，我们还能为恒星建立“恒星模型”，这和上一章为太阳建立的“太阳模型”很类似。这些恒星模型包括了核聚变反应和元素相对丰度值预测。这些预测值与来自太阳和陨石的实验分析数据较为吻合。尽管是间接地检验，但模型在多个方面的检验下是一致的，我们就有足够的理由相信模型是合理的。

最后一点很重要，因为有些科学研究的时间尺度远比人的寿命长得多。这类科学结论的叙述常常让人有种鲁德亚德·吉卜林(Rudyard Kipling）的小说《原来如此》（Just So Stories）的感觉。《原来如此》中的故事从陈述不同于现在的情况开始（比如无鼻之象)，并以现在我们已经知道的内容结尾（巨大的鼻子!)。读者可能对吉卜林和这类科学有相似的反应，有点像“那是很有趣的故事，但当然是很久以前的，也非常遥远，你不在现场。没有理由去相信这个故事是真实的。”

与《原来如此》不同的是，科学对很久以前和遥远事件的解释是从能被此时此地检验的事件中推导出来的。在自然界一致性原理下，一个事件此时是成立的就能说明在彼时也是成立的。比如氢弹和核反应堆中进行的核聚变反应和恒星中进行的核聚变反应的过程是相同的。因此，此时我们在实验室和天空中测量到的，可以用来建立彼时发生的事件的模型。科学是精确定量建模的结果。如果这些定量模型与精确的定量测量结果相符，就会被人们接受。对最终结果的报告可能听起来像吉卜林，但它们确实是正确的。除了后面我们将看到的之外，我们还有办法在时间上回溯，在此时此地看见很久以前发生的事件。

现在，我们有了恒星生命图，它表明了在什么样的条件下恒星会变成黑洞。为了达到这个目标，我们依赖于一套没有经过准确证明的有关恒星性质的断言。我们说过，恒星都和太阳一样，获得太阳信息的方法对恒星同样适用。但现在我们要回到上一章中的问题，其实也是整本书的问题。那就是，我们怎么知道其中任何一条都是正确的，而不只是“原来如此”的故事呢？

为什么今天我们会认为恒星都是像太阳一样的天体呢？在史前时期和人类历史中，人们在大部分时期都认为，恒星是天空中的小光点，而太阳是大光点。但重要的是，它们根本就是不同的物体。那么为什么大家认为它们是相同的呢？只看着它们，除了发光，它们还有什么共同之处呢？我们并没有得到来自其他恒星的热量，而只是看见闪光。我们怎么知道它们像太阳一样呢？

更广泛地说，存在“某些情况下看起来很不一样的物体，但它们其实上是相同的物体”的可能吗？在感知世界中，我们经常会注意到，看起来很小的物体其实是远处的大物体。如果太阳离我们的距离比现在要远得多，那么，它看起来就和普通的星星一样。因此，我们可以提出这样的初步假设：恒星都是遥远的太阳。为了弄清楚恒星是不是真是位于更远处的像太阳一样的天体，我们必须知道恒星离我们究竟有多远。

回想一下，我们利用视差法得到了地球到太阳的距离。相对于遥远的背景，同一个物体在不同的位置看去，就会有不同的角坐标。两个观测地点之间距离的一半称作基线，角坐标之间差异的一半就是视差。视差就是基线与待测量物体之间距离的比值(因此，距离就等于基线除以视差)。为了有效、精确地测量天体的距离，我们需要建立很长的基线，或者能精确测量很小的角度，两者最好能同时做到。

通常，用“度”来衡量角度，完整的一个圆周就是360度。但对于恒星的视差而言，1度太大了，因此，天文学家引入了“角分”和“角秒”作单位。1度等于60角分，1角分等于60角秒。因此，1角秒就是1/3600度，是个很小的角度。用角秒做视差单位很方便。现有的望远镜能精确测量角秒以下的角度值，因此我们能准确测量恒星的视差。请注意，角分、角秒与时间没有任何关系，之所以如此命名，是因为对度的分割方法与通常的用分、秒对小时的分割方法相同。

那么，又用什么作为基线呢？为了测量AU（即天文单位）的值，里谢和卡西尼利用了地球上两个不同的地点，但要测量与恒星的距离，仅仅利用这种基线得到的视差太小了而无法测量。这直接告诉我们，恒星是十分遥远的，也暗示了它们可能像太阳一样。但我们不能仅仅说它们十分遥远，仍然需要精确测量恒星的距离。

解决这个问题的诀窍就是以AU为基线。地球一年围绕太阳公转一周，如果我们在时间上进行相隔6个月，即一年两次的观测，那么，这两次观测时，地球所在的位置之间的距离就为2AU。换句话说，这两次观测之间的基线为1AU。这是很有效的实验方法，所要做的就是获得走过两次观测之间距离所需的时间。

如果对同一片天区的恒星拍摄两张照片，比如，1 月份拍摄一张，7 月份拍摄另一张，然后将这两张照相底片叠放在一起，就会得到视差图像。此时我们会发现，绝大部分（即遥远的）恒星会重叠在一起，但小部分（即附近的）恒星在这两张照片上的位置有细微差别。利用这个细微的差别，再结合被拍摄天区的视角大小，我们就能计算出恒星的视差。基线为 1AU，视差为 1 角秒的恒星，距离大约为 206 000AU。因为 1AU 大约等于93 000 000英里（1.5 亿公里），这意味着，视差为 1 角秒的恒星距离我们有 19 200 000 000 000 英里（约 3.09×10^{13} 公里）。

这是一个非常大的天文数字，我们也可以通过创建新的长度单位来避免它。就像用 1AU 表示 93 000 000 英里（1.5 亿公里）一样，我们可以用新单位表示 19 200 000 000 000 英里（约 3.09×10^{13}公里），这个新单位叫做“秒差距”。秒差距的定义是，用上述方法测量时，与 1 角秒视差相对应的距离。秒差距这个专业术语可能有点令人感到困惑，因为越远的恒星，视差越小。视差为 1/2 角秒的恒星，其距离为 2 秒差距，视差为 1/3 角秒的恒星，其距离为 3 秒差距，依此类推。秒差距是可以很方便地度量恒星距离的单位，离我们最近的恒星只有几秒差距。不过，还有其他也很方便的距离单位来度量恒星的距离，甚至是更远的距离。我们将用光速（普适常量）创建距离测量单位。

光速值为 186 000 英里/秒，即 300 000 千米/秒。我们定义“1 光秒”为光 1 秒钟走过的距离，即 186 000 英里（约 30 万公里），“1 光分”为光 1 分钟走过的距离，即为 60 光秒，或者 11 160 000英里，或者 18 000 000 千米。类似地，我们可以创造光时、光天、光周、光年、光世纪等单位。天文学上最常用到的是光年，其他单位通常用的很少。光从太阳运动到地球需要花费大约 8 分钟，运动的距离为 1AU，因此 1AU 大约等于 8 光分。因为 1 秒差距大约为 200 000AU，这意味着光走过 1 秒差距大约需要 1 600 000 分钟或者大约 3 年，更为准确的值是 3.26 年，因此 1 秒差距大约等于 3.26 光年。

最近的恒星（除了太阳）距离我们大概 1.3 秒差距，即大约 4.3 光年。如果关心星际旅行需要多长时间，那么，用这些单位将是很有帮助的。航天飞机大约每 90 分钟围绕地球 1 周，但光 1 秒钟能绕地球 7 圈。因此，航天飞机的速度只是光速的1/40 000。宇宙飞船若是以航天飞机的速度飞行，到最近的恒星需要 170 000 年。这为星际旅行带来了一些后勤储备上的问题，这也是为什么科幻小说的作者常常虚构和发明物理上不可能的方法来“实现”星际旅行。

作为题外话，“光秒、光年”等单位听起来更像是时间单位而不像距离单位。我们听见“光年”，就会想到“年”。这造成了科幻电影和电视剧中出现了很多可笑的台词。更奇怪的是，有种用法能造成思维上的混淆，这将在本章后面部分进行介绍。因为我们通过光看见物体，所以，离我们 8 光分远的物体（随机挑选一个大的、发光的物体）呈现在我们面前的是它在 8 分钟以前的样子。换句话说，当提到用光速定义的单位来度量距离时，就相当于告诉我们，我们看见某个物体时，它离我们有多远，我们看见的就是它多久以前的过去。这将在我们讨论类星体的时候变得非常重要。

用视差法能测量的最大距离取决于我们能测量到的最小角度值。对望远镜而言，口径越大，能测量到的最小角度值就越小，即分辨率越高。地球大气造成的形变也限制了地面上所能测量到的最小角度值。地面所能测量到的最小角度大约为 0.01 角秒，也就是说，在地面上视差法能测量的最远距离大约为 100 秒差距。更小的角度必须在太空中测量。在太空中，依巴谷卫星的测量精度大约为 0.001 角秒，对应的距离大约为 1000 秒差距。这是一个遥远的距离，但对我们要研究的很多天体而言，这些距离都太小了。下一步，我们将介绍比这个距离更远的距离要如何测量。就目前而言，视差法能满足我们的需求。

视差法告诉我们，即使看起来最近的恒星，也是非常远的，因此，它们要么很大，要么很亮，要么既大又亮。这使得“它们是类似于太阳的天体”这个观念看起来是正确的，但我们需要更多的信息来确认。特别是，我们需要知道恒星究竟有多亮。

说点简短的题外话：我们一直在谈论恒星距离我们有多远，就好像所有的恒星的距离都是相同值，但我们现在知道了我们与每颗恒星的距离都是不一样的。这本身就是一个根本性的发现，因为如果仰望星空，所有星星看起来都是一样远。古希腊人认为，星星都是小亮点，这些小亮点分布在一个以地球为球心的巨大球面上。对古希腊人而言，所有星星离地球的距离都是相同的。现在，我们经过观测知道了事实并非如此。恒星都有自己的位置，它们在天空中运动着，并且没有任何力量将它们保持在地球附近。后面我们将会看到，每颗恒星都有自己的光度和其他特征。很快我们会发现，恒星有更多的独特性质，比最初显现出来的特征要多得多，同时这些性质都属于恒星一生中更多性质中的一员。

一旦知道了距离，恒星的光度就可以用与得到太阳光度时相似的方法得到。用望远镜对准一颗恒星，可以测量出望远镜收集到的该恒星的光。然后，利用望远镜口径和恒星的距离，我们就能计算出望远镜收集到的光占该恒星发出的所有的光的比例，进而计算出恒星的光度。

恒星光度的实际测量与数码照相机工作的原理很相似，只是没有数码照相机那么方便而已。数码照相机通过镜头将光收集到CCD（电荷耦合器）上。CCD由很多叫做“像素”的光敏感元件组成，每个像素上的电荷数量与接收到的光成正比。每个像素上的总电荷数会被读取然后存储为数字信息。

数码照相机中，最后一个步骤是将存储的数字信息处理为图像。对测量恒星光度而言，数字信息仍然保持为数字信息。将所有像素上记录的来自恒星光的数字信息叠加起来，再利用望远镜口径大小和恒星的距离，就可以计算出恒星的光度。用这种方法计算出天狼星A的光度为太阳光度的23倍（也就是说，它发光的能力是太阳的23倍），半人马座α的A星的光度是太阳光度的1.5倍，鲸鱼座τ的光度是太阳光度的0.6倍。

这些光度值和太阳的光度是同量级的（量级相同的意思是，这些光度与太阳的光度相比，既不是特别大也不是特别小），因此现在我们知道了，恒星类似于太阳，也有很多特征，而且，“恒星都是像太阳一样的天体”的假设更加可信了。如果我们能测量出它们的大小和温度，并且如果这些都与太阳相差不大，那将会是对这个假设很强的支持。

我们通过太阳的角直径大小（即太阳看起来有多大）得到了它的半径，然后利用太阳的半径和光度得到了它的温度。然而，对其他恒星而言，这个方法并不合适。因为它们太遥远了，我们无法测量它们的角直径，即使是用最强大的望远镜，这些恒星看起来也只是一个亮点。实际上，我们首先要得到恒星的温度值，然后再利用温度和光度来计算它的大小。

可以通过恒星颜色来估算其温度。正如前面提到过的，物体的温度越高，发出的光的平均波长就越短。对光而言，波长和颜色相对应：红色的恒星温度低，蓝色的恒星温度高。然而，更精确测量恒星温度的方法基于恒星谱线的特性。请回想一下，光使原子从一个能级跃迁到另一个能级时就会发出谱线。谱线的强度（光谱中颜色的强度）取决于处在第一个能级上的原子数目。然而，处在某能级上的原子数目取决于温度。低温时，原子可能处在最低可能的能态。温度升高时，原子处在高能态的概率会增加。温度更高时，原子有可能失去一个或多个电子。通过恒星和星际介质（恒星之间的气体和尘埃）的光谱分析发现，恒星的化学成分是：氢约占了 3/4，氦约占 1/4，其他约占 1%。请注意，这也对确定“恒星是像太阳一样的天体”有帮助，因为太阳的组成也是如此。

读者可能会认为，恒星谱线中最强的应该是氢线。令人惊讶的是，太阳的钙线要比氢线强。处在最低能态的氢原子不会吸收可见光。在太阳的光球层中，大部分氢都处在最低能态。要想有显著的氢线，恒星的温度必须要足够高，可以使得氢原子可能处在更高能态上，但又不能高到使氢原子失去电子。

对其他元素的谱线可以同样这样来考虑。深入研究恒星谱线的强度让天文学家得到了恒星的温度（通过回答“要使得这样强度的谱线出现，需要多高的温度”而得知）。恒星光谱分为O型、B型、A型、F型、G型、K型和M型。为了方便记忆，天文学生们编了一句很性感话，即“Oh，be a fine girl，kiss me.（哦，漂亮姑娘，亲吻我吧）”。O型星温度最高，M型星温度最低。太阳是一颗G型星。

这类术语是容易因为使用来自探测世界的术语而引起困惑的一个例子。如果想要提出一种根据温度对恒星进行分类的方法，你可能会用A型、B型、C型、D型、E型、F型和G型，用A表示温度最高的恒星，G表示温度最低的恒星，但不会选择O、B、A、F、G、K和M来表示。为什么天文学家要这样表示呢？

令人遗憾的是，在弄清楚光谱表示的是恒星的温度之前，天文学家已经积累了很多的恒星光谱。光谱很容易被观察到，但要正确解释很容易观察到的现象，常常需要等到与观测事实相符的理论建立起来很长时间后才能做到。用某条谱线，特别是氢线的强度来对光谱进行分类是很自然的。A型星是氢线最强的，其次是B型星，以此类推。后来，当人们弄清楚了光谱和温度之间的联系后，也就明白了，以前分类方法中的那些特征，在根据温度进行分类的方法中就不再需要了（也就是说，有些分类之间可以合并，相应的类别的字母就不需要了），字母之间的顺序也需要调整，结果就只剩下O、B、A、F、G、K和M。当创建用于某种目的的术语，而这些术语又转而用来表示另一种目的时，就会出现这类问题。后来，因为天文学家都必须学会这个系统，也没有人想努力改变它。这是其中一种使先前的思考方法仍能得以保持的方式，即使这些方法已经被替代。

现在，我们知道了恒星的距离、光度、温度和大小，所有的这些性质都和“恒星是与太阳一样的天体”的假设相符。这样我们就可能得到恒星的质量。这基于一个很重要的科学观点，即具有相同特征的两个物体是同类物体。请回想一下，太阳的质量是利用行星的轨道运动和公式 $M=rv^2/G$ 得到的，此处 M 是太阳的质量，r 是行星的轨道半径，v 是行星的轨道运动速度。可能有读者想尝试将这种方法应用到恒星上，利用围绕该恒星运动的行星来计算恒星的质量。不幸的是，太阳系外的行星是很难探测的。实际上，最近才由天文学家杰弗·马西（Geoff Marcy）和保罗·巴特勒（Paul Butler）第一次成功地运用这种方法探测到了太阳系外行星，尽管他们是通过测量这颗太阳系外行星的引力对其母恒星的影响间接发现了这颗行星。这种方法也是我们用来得到恒星质量的方法，不过，我们还需要其他的方法。

为了实现这个目标，天文学家们利用了这么一个事实，那就是很多恒星实际上是处在双星系统中的。两颗恒星因相距非常近而互相绕转形成的系统就是双星系统。太阳系中，我们通常会说太阳是不动的，行星在轨道上围绕太阳运动。然而，就像太阳猛烈地拽着行星一样，行星对太阳也有拉力。行星对太阳的力使得太阳在一个很小的轨道上运动。对恒星来说，从马西和巴特勒开始的行星搜寻者，正是利用这类很小的轨道去发现围绕其他恒星运动的行星。

双星系统中有两颗恒星，这两颗恒星之间有引力作用。引力使得每颗恒星在各自的轨道上运动。读者可能会说，在双星系统中，两颗星之间相互绕转运动，要辨认出哪些恒星系统是双星系统并不容易。因为，就像太阳系的范围只有若干 AU 一样，典型的双星系统的范围也很可能如此。双星系统的角直径大小（即双星系统在我们看来有多大）可能与用 1AU 除以 1 秒差距得到的值差不多——也就是说，是一个很小的角度，用肉眼无法分辨，甚至用最强大的望远镜分辨起来也不太容易。某些离我们很近的双星系统，在望远镜中可以呈现为两个分开的恒星，但其他距我们较远的双星系统，只有辨明其光谱是两颗不同恒星光谱的组合，才能得知它们是双星系统。还有一些系统，它们的双星系统性质是通过如下现象而显现的：一颗恒星从后面经过另一个恒星时（掩食），整个系统的亮度变暗，直到这颗恒星再一次出现时，亮度又恢复。最后，恒星之间的引力效应对各自轨道运动的影响就能被测量出来。

对双星系统而言，上面给出的质量公式需要进行稍微复杂的修改，才能让我们在给定恒星轨道的速度和每颗恒星轨道大小的情况下，计算出这两颗恒星的质量。对太阳而言，我们利用行星的大小和周期（即行星围绕太阳运动一周需要的时间）来计算行星的运动速度。对某些双星系统而言，这种方法依然有效，但对其他一些双星系统，最好先测量出其速度和周期，然后再计算轨道大小。

如何测量恒星的速度？方法其实和警察测量汽车速度的方法本质上相同，即利用多普勒效应。当消防车鸣笛从身旁经过时，你就能看到——或者在接下来的例子中将会听到——多普勒效应。仔细听着笛声，你就会注意到，当消防车朝着你运动时，笛声会更尖锐，当消防车远离你运动时，笛声会比较低沉。这是因为当物体运动时，它发出的声波的波长会发生改变。当物体朝着你运动时，波长会变短；当物体远离你运动时，波长会变长。物体运动得越快，这种变化就越明显。因此，通过测量波长的变化，就可以得到物体的运动速度。警察在抓超速者的时候就是这么做的，但警察利用的是雷达而不是声波。雷达枪发出无线电波脉冲，无线电波脉冲会被运动的汽车反射回雷达枪。在雷达枪内部测量出发射波的波长与反射波的波长之间的差别，就能计算出汽车的速度。

对恒星而言，可以利用谱线的多普勒频移来计算恒星的速度。我们已经知道，需要用到的谱线的波长已经在实验室里测量过了。当测量恒星相同的谱线时，就会发现恒星的这条谱线与实验室中的元素的谱线有细微的差别。如果恒星谱线的波长更长，就称为红移（将可见光光谱往红端推）；如果恒星谱线的波长更短，就称为蓝移（将可见光光谱往蓝端推）。当恒星远离我们运动时，它的光谱会红移；当恒星接近我们运动时，它的光谱就会蓝移。知道了红移或蓝移的大小，就能得到恒星的速度。在轨道上运动的恒星，有时候会远离我们运动，有时候会朝向我们运动。连续观测恒星的谱线，就会看到波长发生上下移动，从红变蓝，又变到红。恒星谱线上下运动的周期就是恒星轨道运动的周期，而波长变化的幅度可以让我们得到恒星的运动速度。

如果将从谱线得到的速度值代入到前面给出的公式中，我们就有足够的信息来得到恒星的质量，而且我们会发现，它们的质量和太阳质量是同量级的（量级的因子是 10，因此 90 和 10 是同量级的数字）。我们要说的是，大部分恒星的质量不会超过太阳质量的 10 倍，也不会小于太阳质量的 1/10。鉴于已经积累了足够多共同的数据，现在我们就能很自信地说“恒星就是和太阳一样的天体”。而且，我们对黑洞、中子星和白矮星的讨论不只是理论上的，还能很好地进一步应用到宇宙本身。至此，我们确信我们的第二步是有坚实基础的。

既然我们已经知道了很多有关恒星的光度、温度和质量的信息，那么，利用这些信息我们能做些什么呢？既然已经建立起了恒星之间的共同点，我们还应该设法找到恒星之间有哪些不同。一种方法是用大量恒星的光度和温度信息去绘制散点图，然后找出变化的形状。这种散点图是以温度为横轴，以光度为纵轴得到的。因为每颗恒星都有特定的温度和光度，所以该图上的每个点就代表了一颗恒星。图上的散点的集合，就是温度和光度都已知的恒星的集合。这类图被称为“赫罗图”（H-R diagram），是以天文学家恩基纳·赫兹普龙（Ejnar Hertzsprung）和亨利·罗素（Henry Russell）的名字命名的，因为他们在 1914 年首先绘制了温度—光度散点图。赫兹普龙是丹麦天文学家，他因发现了恒星的颜色和亮度之间的关系而闻名，这个关系正是赫罗图的基础之一，也是赫罗图以他名字命名的原因所在。他还得到了造父变星的光度，这对测量星系之间的距离非常重要。赫兹普龙并没有受过正规的天文学训练，而是一名研究摄影术化学的化学工程师。通过将摄影术运用到星光的测量上，赫兹普龙得到了后来使他成名的结果。罗素是美国天文学家，因发现了光度和光谱型之间的关系而闻名，这也是赫罗图的基础。罗素还对双星系统进行了研究，并找到了计算双星系统中恒星质量的方法。

以目前我们所了解的知识，能想象出上面提到的图会是什么样子吗？这听起来像是很怪诞的问题，但有时候事先弄明白“期望中是什么样子的”，然后看“实际的情况和你所期望的有哪些是相同的，哪些是不同的”会很有帮助。这样，就容易发现你期望的是什么，而不是对结果一无所知。

假如统计某城镇居民的身高和体重，然后以身高为横轴，以体重为纵轴绘制散点图。我们会预计，大部分的点集中在三个区域：体重轻、身高矮的区域，体重中等、身高也中等的区域以及体重重、身高高的区域。之所以会预计有这样的结果，部分原因是儿童的身高比成人矮，体重比成人轻。此外，成人之间的体型也不一样。而且，对同样体型的人，身材魁梧的人身高会更高，体重也会更重。因此，我们预计将会得到一条从体重轻、身高矮，到体重中等、身高中等，再到体重重、身高高的曲线，而且大部分数据点都将均匀地分布在这条曲线周围。

对恒星而言，也存在类似的情况，正如图 7 中显示的赫罗图。赫罗图上有条从低温、低光度到温度中等、光度中等再到高温、高光度的曲线，这就是主序带。大部分恒星落在赫罗图中的主序带上。

为什么会如此呢？因为恒星大部分时间都在燃烧氢，所以我们看见的大部分恒星处在燃烧氢的阶段。然而，燃烧氢的恒星的总质量不一样，因为它们并不是诞生自质量相同的气体云。质量大的恒星需要克服的引力也更强，因此必须产生更高的压力。这只有更快速地燃烧氢才能做到，也就是说，它的光度会更高。光从恒星的表面发出，然后到达我们这里，因此，更高的光度就需要更高的温度或者更大的表面积，或者两者都需要。对燃烧氢的恒星来说，这两者是都需要的。这意味着对燃烧氢的恒星来说，图中横轴和纵轴之间存在确定的关系。用数学的语言来讲，这种关系叫做“依赖”。光度依赖于温度，是因为它们都依赖于质量。这就解释了主序带，因为主序带显示的是燃烧氢的恒星的分布——更确切地说，显示的是我们看到的燃烧氢的恒星的分布。因为在恒星晚期，它们的光度和温度与现在有很大的区别。

用“主序带”来表示燃烧氢的恒星。这好像是个很奇怪的名称。与图 7 相比，天文学教科书中的赫罗图，横轴的温度是递减的，即左边的温度高，右边的温度低，这同样很奇怪。为什么会有如此奇怪的表示方法呢？这与一个错误的假设有关。罗素原来认为，恒星是由体积大、温度高的状态向体积小、温度低的状态演化，他将这条演化曲线叫做主序。如果这是正确的，天文学教科书中赫罗图的左边（即温度高的区域）代表的是恒星演化的早期，而右边（即温度低的区域）代表的是演化晚期，并且“主序带”一词代表的就是恒星一生中不同的状态。现在我们知道，罗素的这个理论是错误的。实际上，对给定的恒星，在其燃烧氢的

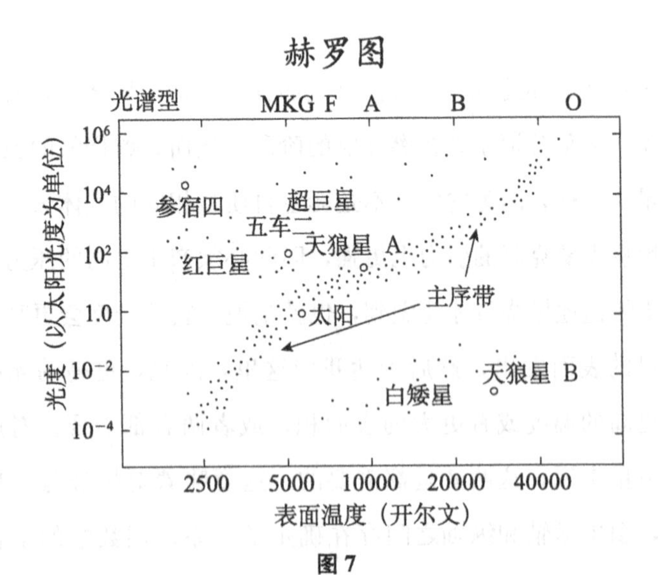

图 7

阶段，它只是主序带上的一个点，整个主序带是由处在相同阶段（即燃烧氢）的、不同质量的恒星组成的。

如果天文学家将“主序带”改成别的词，并且温度轴的表示和本书相同，那可能就会比较容易理解了。然而，天文学家是和其他人一样固执的传统主义者，就和保留 OBAFGKM 的命名方式一样。虽然如此，“主序带”和温度轴的方向依然能为我们提供一些有趣的科学信息：科学中有个最重要的特点，即只有那些被实验检验过的理论才能保留下来。这也意味着科学家会忘记自己研究领域的历史，记不住最终成功的理论所包含的迂回曲折以及失败。像“主序带”这类术语，实际上是早前研究的“遗留物”，代表了曾经被认为很有希望成功但最终未能存活下来的理论。

大部分恒星在主序带附近，但有些不在。远离主序带的恒星情况又如何呢？让我们再次看看从人类的体重—身高曲线图能得到什么启示。处于人类体重—身高曲线之上的那些人，我们怎么称呼他们呢？通常，我们会认为他们超重了。但为什么我们会这么认为呢？因为他们比身高相同的人的平均体重要更重，但他们的身高比相同体重的人的平均身高更矮。正如古老的笑话所说，“我并不是超重，而只是身材矮了点”。之所以会出现“超重”之类的词，很可能是因为成年人的身高变化并不显著，但却能通过饮食和锻炼改变体重。换句话说，我们使用“超重”这个词语是因为它能建议人们回到社会更接受的体重区域。

完全位于主序带之上的恒星，既比相同温度的恒星的光度更高，又比相同光度的恒星的温度更低。我们该认为它们是“更亮”还是“更冷”呢？更让人困惑的是，对于给定表面温度的恒星，其表面积越大，光度也就越大。如果恒星的亮度远超过相同温度下应有的亮度，就可简单地描述为“比相同温度的主序星要大”。

标准天文学术语体系用到了所有这些性质，并将这些完全位于主序带之上的恒星称为红巨星。此处，“巨大”是很合适的，因为这些恒星比温度相同的主序星体积更大。而且，“红”也很恰当，因为它们的温度更低（其实，它们仍然温度很高，但毕竟温度高低是相对而言的），因此会比同样光度的主序星发出更多位于可见光光谱红端的光。与此相似，完全位于主序带以下的恒星称为白矮星。此处，“矮”是很恰当的，因为白矮星比相同温度的主序星要小得多，而且“白”也很恰当，因为它们温度更高，与具有相似光度的、很红的主序星相比，发出的光更白。红巨星和白矮星无法再返回到主序带，但我们很怀疑它们自己是否关心这个，真正的恒星并不关心自己的“样子”。

从对散点图和身高—体重的实际讨论中，你可能不会猜到，当首次发现白矮星时，人们觉得它们是多么奇怪、多么富有争议。图上的小点告诉科学家，白矮星非常致密。如果说白矮星是一类质量与太阳质量相同、大小与地球一样的天体，这听起来可能还不太令人激动。然而，这也意味着，白矮星上一勺物体的重量与 3 头大象的重量相同。地球上不存在密度这么高的物质。科学家曾怀疑“发现了在附近任何地方都不可能发现的、假想中的物体”，也是合情合理的。

发现的第一颗白矮星是天狼星 B。天狼星是夜空中最亮的星星。通过对天狼星的观测，1844 年德国天文学家弗里德里希·贝塞尔（Friedrich Bessel）得出结论：天狼星是双星系统。亮星

（天狼星 A）是他能观测到的，而暗星（天狼星 B）是观测不到的，但他从它对天狼星 A 运动的影响中推测了天狼星 B 的存在。

贝塞尔最著名的成就是以他的名字命名的数学函数（即贝塞尔函数。在求解很多物理学问题时都需要用到贝塞尔函数，物理专业的所有学生都要学习贝塞尔函数，这让很多学生很“恨”贝塞尔）。他首先对恒星（当然是除太阳之外的恒星）到地球的距离进行了测量，也是发展精确天文学方法方面的先驱，他的成就中就包括对误差分析和降低误差的研究。贝塞尔还研究了天狼星和南河三（小犬座 α）的运动，并发现了它们有看不见的伴星。此外，在发现海王星的过程中，他也起到了重要作用。他发现了天王星的轨道有很细微的不规则性，并认为这是位于天王星轨道之外的、未知的行星造成的。

1862 年，美国天文学家、望远镜制造商阿尔万·克拉克（Alvan Clark）直接发现了天狼星 B。天狼星 B 的光度只有天狼星 A 的大约 1/1000。这并不足为奇，因为通常温度低的恒星要比温度高的恒星更暗。因此，天文学家简单地认为天狼星 B 的温度很低。然而，当亚当斯（Adams）测量了天狼星 B 的光谱后却发现，天狼星 B 的温度很高。这说明，天狼星 B 是温度非常高但却非常暗的天体，这意味着它非常小。计算表明它与地球相差不大。测量表明它的质量大概为 1 个太阳质量，这意味着它具有与白矮星物质密度相同的巨大密度。这消除了天文学领域内对白矮星的怀疑。正如爱丁顿所说：

> 当天狼星伴星的信息被破解时，它的内容是：“我是由比你们遇到过密度最高的物质还要高 3000 倍的物质组成的，我的一小块物质就有 1 吨重，你可以将它放进火柴盒。”对

这样的信息，人们能做出什么反应呢？1914年，大多数人的反应是："闭嘴，别谈论没有意义的事！"

然而，最终天文学家们（在探测世界中）积累了足够多的观测证据，（在理论世界中）白矮星理论作为恒星演化理论的一部分也建立了起来。当这两种普遍的观点被完全证实后，白矮星就被天文学领域接受了。事后看来，白矮星巨大的密度看起来并不是太奇怪：正常的物质密度来源于正常的原子大小。原子由原子核和电子组成，但因为原子核和电子都要比原子小得多，就可以认为原子的大部分是空空的。白矮星的物质是完全电离的，也就是说，所有电子都从原子剥离形成了由电子和原子核组成的等离子体。在白矮星巨大的引力场影响下，这些等离子体被压缩成了白矮星中发现的巨大密度的物质。

由于表面积太小，白矮星比正常的恒星更难观测。白矮星的表面积大约与地球的表面积相同。中子星则更极端，它的表面积与一座城市的面积相当。中子星上的物质被称为"中子态"，它由于密度极高而成为科幻小说的主题。一勺白矮星物质相当于3头大象的重量，但一勺中子星物质却是地球上所有人体重总和的10倍。然而——很抱歉让科幻迷失望了——中子物质并不是像钢或塑料一样能加以利用的物质。中子星极高的物质密度仅仅是因为中子星有着极强的引力场。如果将一勺中子星物质放在真空中，它会很快被自身的压力"吹散"，其中的中子会发生β衰变，变成质子、电子和反中微子。很快，就不会再有表明中子物质曾经存在于其中的信号了。

可能有些读者会认为，观测中子星会极端困难。事实上，

1939 年罗伯特·奥本海默（J. Robert Oppenheimer）和乔治·沃尔霍夫（George Volkoff）就已经发展出了中子星理论，不过他们都没期望能观测到中子星。尽管奥本海默最为人们熟知的是他作为原子弹项目的头儿，他对天体物理学也作出了重要贡献。除了中子星方面的工作，奥本海默和他的学生哈特兰德·斯奈德（Hartland Synder）首先对引力坍缩形成黑洞的过程进行了计算。

中子星并不是通过正常观测恒星和白矮星的方法观测到的，而是通过其他的办法观测到的。同时，结果表明，存在多种不同的方法探测中子星，这些方法与中子星有哪些观测上的表现，以及中子星的行为有关。这些观测表现中，最引人注目的特征集中于一类叫做"脉冲星"的天体上。

1967 年，天文学家乔瑟琳·贝尔（Jocelyn Bell）和她的导师安东尼·休伊什（Antony Hewish）利用英国剑桥大学的射电望远镜发现了脉冲星。他们原本是想用射电望远镜研究太阳风对遥远的射电源的影响。结果，他们发现了一个很特别的射电源，它由一系列很规则的脉冲组成，射电信号每 1.337 秒闪现一次，非常精确。贝尔和休伊什曾经认为这些信号是人为起源的，或者正如贝尔所说的，"3 年的研究生，我目前已经读了 2 年半了，正在这时，有很多傻傻的小绿人[①]（little green men）正用我的望远镜和我的频率与地球通信。"然而，接着他们又在来自天空不同的方位、相同的频率上发现了另一个规则的射电源，这很快就排除了"小绿人"假设。贝尔是这么解释的："两类小绿人选择相

① 贝尔和她的导师休伊什刚开始时认为，这么精确的脉冲信号是外星人发射的，他们把这些"外星人"称为"小绿人"。译者曾经与贝尔教授面对面进行过交流，向她请教了脉冲星研究领域里的一些前沿问题。——译者注

同的特定频率和技术向同一个不起眼的地球发射信号，这几乎是不可能的!”

最终，这些脉冲星被认证为中子星。那么，为什么中子星会发出很规律的射电脉冲呢？这主要有两个原因：中子星极强的磁场和非常快速的自转。这可以和夜晚海上航行的船遥望灯塔时的情况进行类比。灯塔稳定地发光，但光的方向却随灯塔的旋转而改变。只有当光沿着船所在的方向时，船上的船员才能看见灯塔发出的光，而在其他的时候都看不见灯塔发出的光。因此，船员看到的是一系列很规则的光脉冲，灯塔每转一圈，船员就能看见一次光脉冲。因此，如果贝尔的脉冲星每 1.337 秒自转一圈，并且如果它只在特定的方向上发出射电波，那么，就能很好地解释观测到的现象。但为什么中子星会旋转得这么快呢？又为什么中子星只在特定的方向而不是在其他方向上发出射电波呢？

为了弄清楚这些问题，让我们先来考虑曾经忽略掉的太阳的一个性质：太阳的自转。从太阳的自转我们可以得知恒星自转的一些特点。太阳大约每 27 天自转一圈（从太阳黑子的观测中得到的结果），因此我们可能会认为这是恒星典型的自转速度。中子星由恒星塌缩形成。当旋转中的物体变小时，它们的旋转速度就会变大。这个原理被称作角动量守恒定律。滑冰者通常将手臂和腿往回收，以使自己旋转得更快，这就是角动量守恒定律在起作用。

角动量守恒定律是物理学中的几个守恒定律之一。守恒定律意味着，某种物理量既不能被创造，也不能被消灭，只能发生转化或者转移。其中最著名，也是最重要的定律就是能量守恒定律。能量守恒定律指出，能量既不能被创造也不能被消灭，只能从一个地方转移到另一个地方，或者从一种形式转化为另一种形式。有了能量守恒定律，通过经常问“能量去哪里了，或者能量来自哪里?”这样的问题，物理学家就能解决很多问题。另一个重要的守恒定律是动量守恒定律。动量等于质量乘以速度。质量大、速度慢的物体可能与质量小、速度快的物体具有相同的动量。动量守恒定律稍微有点难，因为速度是有方向的。用动量守恒定律就能解释为什么喷气飞机或火箭通过喷射高温气体而能向相反的方向运动（喷射的热气体的质量乘以气体的速度与火箭的质量乘以火箭的速度之和为零，也就是说，燃料燃烧后做了功，气体和火箭都获得了动量，但整个系统的动量为零)。

角动量和动量很相似，但又不太一样。角动量与物体的质量、大小以及角速度（即物体旋转的方式、旋转的速度）有关。无论如何，用花样滑冰来类比，能很好地用角动量守恒定律说明恒星核心在塌缩形成中子星的过程中是如何极大地增加自转速度的。经过计算后我们会得知，增加后的自转速度和脉冲星的自转相符合。

正如塌缩会增加旋转速度一样，塌缩也会增强磁场。这正是磁通量近似守恒的结果（尽管不是完全守恒，但也是近似守恒的)。磁通量是磁场与表面积的乘积。因为磁通量基本保持不变，只有当中子星的表面积减小时，它的磁场才会变强。① 对半径很大、磁场较强的恒星来说，半径减小会使它的磁场变得更强。因此，作为集中了恒星核心的中子星，就具有了非常快的旋转速度

---

① 当然，这种情况几乎不会发生。因为中子星的密度非常高，几乎不可能发生收缩，只有在发生星震的时候，才可能使得半径稍微有些变化，这种变化引起磁场的增强完全是可以忽略的。——译者注

和非常强的磁场。

又是为什么中子星只在特定方向上发出射电信号的呢？这其实与出现北极光的原因相同：带电粒子在磁场中的运动。对地球而言，带电粒子和磁场都在运动，因为地球的地理北极和地磁北极并不重合。

孩童时代就有人教我们，指南针能指示北方。但很久以前，船员们就学会了如何区分地磁北极（也就是指南针指示的北方）和地理北极（即地球自转轴在北半球与地球表面相交的点）。地球的地磁北极和地理北极之间相距非常近，因此，用“指南针指示北方”就非常好。然而，这两者之间不是必须要紧挨在一起的。地理北极和地磁北极之间并不是精确重合的，地磁北极每天围绕地理北极旋转一圈。因为地磁场很弱，所以这就使地球产生了很微弱的信号，但在强磁场的情况下，比如脉冲星，磁极围绕中子星的自转轴旋转时会产生出巨大的电场和磁场。

此处，我们需要进行稍微深入的介绍。我们需要解释为什么射电波是从磁极的方向发出的。回想一下，北极附近出现北极光，是因为带电粒子沿着磁场方向运动，还需要注意的是，变化的磁场会产生电场（这个原理就是产生我们家庭中使用的电力的原理）。中子星极强的磁场和极快的自转产生出非常强的电场，这个电场沿着中子星的磁场使质子和电子加速。这些被加速的带电粒子发出射电波，形成了观测到的脉冲星的脉冲信号。

因为推导出的中子星的磁场结构能产生在脉冲星中观测到的现象，科学家认为，这就是脉冲星脉冲辐射的起源。脉冲星并不是一类未知的天体，而是理论上认为的中子星。换句话说，脉冲星按照中子星应该有的方式发出辐射，因此脉冲星就是中子星。

这样一来，也就不需要小绿人假设了。

尽管脉冲星是中子星最引人注意的表现形式，它们既不是古老的中子星最简单的可探测面，也不是中子星最强大的可探测面。最简单的效应来自“中子星是一个旋转的大磁铁”，但旋转的磁铁会在所有方向上发出电磁辐射。那么，我们如何注意到这些辐射呢？让我们举一个具体的例子：蟹状星云。1054年，中国古代的天文学家观测到了一颗超新星爆发。可能美国土著的阿那萨齐人也看到了。对一颗突然变亮到肉眼可见，然后又变暗的星星来说，用“被观测到”来形容，实在是太温和了。为什么我们不说这颗星是在1054年爆发的呢？因为它并不是在1054年爆发的。蟹状星云距离我们大约6000光年，也就是说，它发出的光要大约6000年后才能达到地球。因为是在1054年观测到蟹状星云的超新星爆发，也就是说，这颗超新星爆发的时间大约比1054年还要早6000年。正如前面提到过的，在天文学上，在空间上能看见多远的距离，在时间上就代表能看见多久的过去。在下一部分我们将看到，原则上，我们可以回溯至时间的开端。

在蟹状星云内部的某个位置处观测到了一颗脉冲星，这有助于证实“超新星爆发过程中会迅速（与恒星演化的时间尺度相比）诞生一颗中子星”的观点。蟹状星云脉冲星是少有的一个有长期观测数据来研究恒星演化的例子。大多数情况下，恒星需要很长的时间才能发生改变，这与人类任何时间长度的观测相比，都太长了，因而无法被用来证实单颗恒星的变化。但超新星爆发是例外，因为超新星爆发实际上是发生在人类的时间尺度上的。

正如我们所说，超新星爆发时，核心发生塌缩，包层被抛射到宇宙空间。此时，恒星核心就成为中子星，那么，包层又发生了什么呢？包层物质就成了今天我们看到的向外膨胀的气体云——蟹状星云。蟹状星云非常亮，光度大约为太阳光度的80 000倍（也就是说，蟹状星云释放能量的功率大约为太阳的80 000倍）。如果超新星爆发是在大约1000年前观测到的，那么，为什么蟹状星云现在仍然在发光呢？因为蟹状星云太弥散了，不可能有核聚变发生。那么，它的能量又来自哪里？

听起来可能让人觉得很奇怪，蟹状星云的能量来源于它的中子星。快速旋转的中子星发出电磁辐射，电磁辐射加速其中的电子。当电子在磁场中运动时，它就会发出电磁辐射，这被称为“同步辐射”。正是由于电子的同步辐射，我们才能看见发光的蟹状星云。

那么，中子星的能量又来自哪里呢？毕竟，中子星没有核聚变反应来提供能量。如果仅靠快速旋转的磁铁产生电磁辐射，是远远不够的。能量是守恒的，无法被创造，也无法被消灭，只能在不同的物体、不同的形式之间相互转化。那么，为什么不燃烧任何燃料的中子星可以辐射能量呢？

原来旋转的中子星具有转动能，中子星的能量就来源于它的转动能。最终，中子星的自转由于辐射能量而逐渐变慢。实际上，对蟹状星云脉冲星的自转周期的非常精确的测量表明，它自转减慢的速率正好等于蟹状星云辐射能量的速率。因此，通过回顾近千年的记录，看着天空中美丽、明亮的蟹状星云，我们更确认了中子星的存在及其特点。

我们将要讨论的最后一个用来探测中子星的方法与双星系统有关。就我们的目的而言，这是最重要的探测方法，因为这种方法还可以用来探测黑洞。当双星系统中的恒星之间距离很远时，每颗成员星都依靠自己的引力来保持住自身的物质。然而，如果两颗恒星之间相距很近，就可能发生其中一颗恒星由于引力很强而将另一颗星的外层物质吸引过来，从而发生物质交流。

让我们来考虑这样一个成员星之间距离很近的双星系统，其中一颗星为中子星，另一颗是正常的恒星，我们将这颗恒星称为中子星的伴星。中子星从它的伴星吸积物质后会发生什么呢？中子星强大的引力将从伴星上“撕出”物质，这些被撕出的物质在中子星引力场的导引下进入围绕中子星旋转的轨道，形成扁平状的吸积盘。吸积盘中的气体通过吸积盘内边缘源源不断地落入中子星，同时吸积盘中的气体不断地从伴星处得到补充。这个过程和太阳诞生过程中用来加热气体的开尔文—赫姆霍兹机制有些相似。气体物质被引力吸入并被压缩，压缩就会使气体被加热，从而使气体发光。

正如在讨论太阳时考虑的那样，也让我们来考虑在这个过程中平均每千克燃料（即被吸积的气体）可以释放多少能量。在对太阳的分析过程中，我们将所有的燃料与炉子中燃烧的天然气相比较。但在这里，我们将这个燃烧过程与由爱因斯坦质能方程 $E=mc^2$ 给出的理论最大值相比较。这个熟悉但却被人误解的公式给出了从一团物质中能提取出的最大能量。因为光速 c 是个很大的数（$3\times10^8\,\mathrm{m/s}$），$c^2$ 就更大了（$9\times10^{16}\,\mathrm{m^2/s^2}$），所以最大能量与物质之间的比值也非常高。

当电力公司向我们收取电费时，他们用“千瓦时”来衡量电量。1 千瓦时就是功率为 100 瓦的灯泡亮 10 小时所消耗的总能量。每千克天然气燃烧时大约产生 15 千瓦时的能量。但爱因斯坦的质能方程表明，一小片物质里面蕴含了巨大的能量，每千克燃料的能量大约为250亿千瓦时。让我们将“燃料的效率”定义为平均每千克燃料燃烧时释放的能量与理论最大值之比。天然气的燃烧效率仅仅只有约0.000 000 000 6（用科学计数法表示就是大约为6×10^{-10}），汽油的燃烧效率与此相似。我们使用的是如此低效的燃料，难怪要经常为汽车加油了。氢聚变反应的效率要更高点，能量释放效率大约为0.007。电影《007》中核聚变是詹姆斯·邦德（James Bond）的能量之源。

然而，吸积盘中的气体释放引力势能的效率要更高，大约为0.3（即最高为30%）。换句话说，中子星从伴星吸积物质所释放的能量是相同物质进行核聚变燃烧时所释放能量的约40倍。这就是一颗“死亡”的星星能产生出比“活着”的星星多得多的能量的原因。

这些能量是如何释放出来的呢？在向中子星下落的过程中，这些气体被加热到非常高的温度。高温气体会发出电磁辐射，而且温度越高，发出的辐射的波长就越短。紫外线的波长比可见光的波长短，X射线的波长更短。中子星吸积盘的温度非常高，发射的是X射线。不幸的是，地球的大气层会吸收X射线。实际上，大气层吸收了除可见光和射电波之外的大部分波长的光。对天文学家而言，这是很不幸的，但对我们而言，大气层的吸收是好事，因为这能保护我们不会受到其他有害辐射的伤害。不过，科学家却很厌恶能影响探测的事情，尽管这些事情可能有其他方面的好处。为了避免这类“问题”，又不至于将我们自己暴露在死亡边缘，X射线望远镜被安置在了卫星上面。X射线望远镜是用来观测围绕中子星的吸积盘的。通过X射线波段的观测，天文学家发现了很多与“中子星—正常恒星”系统符合的 X 射线辐射源。

我们详细介绍了几种不同的探测中子星的方法，但到目前为止，都是在用理论世界的语言描述这些方法。我们已经说过存在中子星，而且可以用不同的方法观测中子星。而我们是可以用探测世界中使用的语言来描述的。我们可以这么说，观测到了脉冲星、亮星云，以及 X 射线双星等很多天文现象。对每一种现象，都有模型来解释，而这些模型都要用到一种称作中子星的天体。使用探测世界中的语言，其优点是既明智又谨慎。某些天体源可以发射出规则的射电脉冲，从这个意义上说，我们观测到了脉冲星。这些观测都是可信的，从这个程度上说，不管我们是否知道脉冲星的本质是什么，我们都已经知道它是真实存在的了。与此相反，将脉冲星叫做中子星，使我们承认了某个关于“脉冲星是如何工作的”特定模型，如果这个模型错了，那我们也就错了。

探测世界语言的缺点是，它反映了人们对某一现象缺乏一定的理解，但会使人们的理解更加缺乏。这可以用“盲人摸象”的寓言来比喻。在这个故事中，不同的盲人遇见了同一头大象。摸到象鼻的盲人说：“大象像条蛇。”摸到象腿的盲人说：“大象像棵树。”另一个摸到象牙的盲人则说：“大象像根长矛。”这个寓言很滑稽，因为我们知道真相：大象的每个部位和这些东西都很像，但大象却不像其中任何东西。每个盲人摸到的都是对的，但只摸到了大象的一部分，而不是全部。只有视力正常的人（或者这些盲人能停止争吵，并将所有摸到的对象组合起来）才能知道大象真正的样子。

在天文学上，描述某类现象的语言会随时间而发生改变，这是很典型的。首先描述是来自观测上的，因此我们首先会使用探测世界中的语言，对观测到的现象使用基于观测的语言，比如脉冲星。然后，理论上提出了解释，于是就会出现理论世界中使用的语言（中子星），尽管因为明智和谨慎会使理论世界中的语言不占优势。最后，理论被广泛接受。于是，理论用的语言可能在除了有自己偏好的观测家之外的其他所有人当中流行。今天，中子星当然是处在最后这个阶段。理论术语和理论解释被广泛接受，并取代了旧的术语（将来可能会出现一个认为脉冲星完全属于过时术语的时代）。“黑洞”是一个处在中间阶段和最后阶段之间的词，虽然已经被大部分人接受，但在使用中仍然有些人为因素和旧观点在起作用。部分原因是由于证据的性质，但也可能是由于部分天文学家太过谨慎了。当然，在一些人看来是常识的事物，在另一些人看来需要很谨慎地对待，而一些人对自己的观点过于执著，反而会让另一些人头脑变得更清醒、目光更长远。

与其去争论改变他们的观点是否明智或过于热心，不如让我们看看，在荒芜的宇宙我们能否找到一些黑洞。

不用担心，黑洞不是濒临灭绝的“物种”。

第 7 章　搜寻黑洞

通过分析如何探测到白矮星和中子星，我们追踪到了一些神秘的物体，是时候尝试去寻找黑洞了。黑洞正是我们一开始就想要“收入囊中”的（并非将黑洞放入口袋中，因为这对口袋和你来说都是很糟糕的）。我们从讨论黑洞和中子星之间的相似性和区别开始，看看以前用来发现“难以发现的物体”的方法是否有助于发现黑洞。在探测世界中，看看能否将为这个目的开发的工具改进到也能适用于另外一个目的，而不是重新建造新的工具，常常是个好办法。但为了改进工具，需要确认待观测的对象的工作机制与原来的观测对象很类似，这是很有必要的。

中子星和黑洞都是具有强引力场的致密天体。然而，与中子星不同，理论上讲，黑洞不存在磁场——这就排除了发现中子星的三种方法中的两种。正是因为中子星的强磁场，脉冲星和亮星云才能被我们观测到。但幸好对 X 射线双星系统的解释不需要用到中子星的强磁场，因为物质落入中子星并发出 X 射线的过程只需要双星系统和强引力这两个条件。

读者可能会认为，在某些X射线双星系统中，具有强引力场的那个主星会是黑洞，而不是中子星。问题的关键在于，我们如何在X射线双星系统中区分主星是中子星还是黑洞呢？首先，读者可能会想到，因为黑洞的引力场更强，它吸积气体时的能量释放效率可能比中子星要更高。的确，理论计算表明，如果物体缓慢地朝黑洞的事件视界下落，能量的释放效率甚至会达到100%（也就是说，所有的物质都转化为能量）。然而，对围绕黑洞的吸积盘建立的数学模型表明，吸积盘并不是一直延续到黑洞的事件视界附近的。实际上，黑洞吸积盘有内边界，内边界处的物质会迅速通过内边界与黑洞之间的区域而落入黑洞。这种下落很快，因此能量释放的效率并没有多大提高。吸积盘损失的物质释放的能量并非全都以X射线的形式辐射出去，其中部分能量直接进入了黑洞内部。考虑到这个因素，黑洞从吸积盘中吸积物质时的能量释放效率与中子星从吸积盘中吸积物质时的能量释放效率相差不大，因此这个想法行不通。

然而，我们知道黑洞的质量没有上限，这与中子星不同。中子星的质量变大，就会变成黑洞，而黑洞质量变大，只能成为更大的黑洞。因此，在X射线双星系统中，如果其中的致密星的质量超过了中子星的质量上限，我们就认为它是黑洞。有些黑洞是用这种方法确认的。不幸的是，这有点循环论证的意思。因为我们所说的是，如果发现某个本应该是中子星的天体，但其质量太大，那么它应该是黑洞。这是用理论而不是观测去区分两类天体，因此要更谨慎。毕竟，也有可能存在某些我们还不知道的方法使中子星即使质量变大也能避免塌缩成黑洞。因此，我们需要别的辨别方法。

让我们考虑下这两类都是由塌缩形成的天体的不同之处。我们已经知道，黑洞和中子星的区别之一是，中子星有表面，而黑洞有事件视界。因此，在主星为中子星的 X 射线双星中，物质通过吸积盘的内边界落到中子星的表面，但在主星为黑洞的 X 射线双星系统中，物质通过事件视界而落入黑洞。如果能真正区分出这两类双星系统在吸积物质时行为特点的不同，那我们就能区别它们。换句话说，如果能区分出物质“落到某类物体之上”和“掉进某类物体之中”，我们就能区别中子星和黑洞。

不幸的是，建立模型时存在很多困难，这将在后面讨论。正是由于这个原因，在对待小黑洞时，我们找不到一个可靠的方法。这让人很失望。在 X 射线双星系统中观测到了质量仅为太阳质量几倍的黑洞，但数量很少。即使如此，对所发现的究竟是黑洞还是中子星，仍然有些不确定。

然而，当我们更仔细地考虑到中子星有质量上限而黑洞没有时，情况就会发生变化。中子星的质量理论上应该小于太阳质量的 2 倍[①]，然而，黑洞的质量可以达到太阳质量的上千倍、上百万倍甚至十亿多倍。此类超大质量的黑洞与中子星完全不同，它们的吸积可以使几百万光年范围都变得非常亮。换句话说，如果以更大的黑洞为目标，并且考虑比恒星大得多的天体，我们就可能发现黑洞，并且不存在“它们是中子星”的风险。

因此，这就将我们带回到了本章开始时的问题的变形形式，

---

① 2010 年，观测到了 1 颗质量为太阳质量 2 倍的中子星，即 PSR J1614－2230。——译者注。

也就是米歇尔和拉普拉斯的问题的变形形式：存在超大质量黑洞吗？研究人员指出，质量为太阳质量1亿倍、密度与水相同的物体将会变成黑洞。乍一看，这个密度并不极端，但总质量却很极端。从哪里找到质量为太阳质量1亿倍、体积又足够小的物体去形成黑洞呢？

这个问题的答案，可从通过延伸恒星的尺度，考虑星系的性质来得到。恒星在空间中的分布并不是均匀的，而是成群聚集在叫做“星系”的系统中。我们已经（至少部分地）知道了恒星为什么会聚集以及如何聚集，但我们将对此的讨论放到下一章中。

我们自己所在的星系银河系，是由几百亿颗恒星聚集而成的，呈盘状，直径大约为40 000秒差距。在盘中生活的人看来，银河系看起来像个巨大的恒星盘。因为盘在一个方向上很薄，在另一个方向上很厚，当生活在这个恒星盘里的人往盘平面之外看时，只能看见数量很少的星星，但当往盘平面方向看时，能看见很多的星星。这些星星就会在天空中显示出一条亮度弥散的“带”。古代的天文学家很容易就能看见这条带，于是就将这条带取名为银河系。顺便提及，“星系”（galaxy）一词来自于“牛奶”（milk）的希腊语。

尽管在星系的尺度上，1亿倍太阳质量并不是非常大，但考虑到星际距离时，水的密度就是一个很高的密度。要明白这点，请注意在银河系中，我们的“邻居”离我们大约几个秒差距，因此恒星密度大约为平均1立方秒差距1个太阳质量。因为太阳的半径要远远小于1秒差距，这就意味着银河系中，太阳系附近区域的物质密度要远远小于水的密度。

尽管如此，银河系中心的恒星密度要比太阳系邻近区域的恒星密度大。太阳远离银河系中心（我们居住在银河系的旋臂上，远离银心）。星系中心足够密，因而在引力塌缩下形成了黑洞，这并不是难以置信的。然而，我们目前对星系形成以及星系后来的演化行为的理解还不够，不足以对星系中心是否存在黑洞做出确切的预言。事实上，这个问题本身也是观测上的一个问题。那么，星系中心存在超大质量的黑洞吗？

我们以在讨论吸积盘时了解到的一个特殊现象开始：黑洞是黑的，但如果在黑洞周围有“食物”，黑洞就会辐射大量能量。换句话说，围绕“黑暗”的是大量的光（特别是 X 射线）。我们的问题是，在星系中心是否存在超大质量黑洞，并吞噬着大量的恒星。在这样的星系中，我们期望的是，能观测到它有非常亮的核。

具有非常亮的核的星系，早在 1908 年就被美国天文学家爱德华·菲斯（Edward Fath）用当时在南加利福尼亚州的威尔孙山天文台（Mount Wilson Observatory）新建造的望远镜第一次观测到了。然而，威尔孙山天文台的美国天文学家卡尔·赛弗特（Carl Seyfert）在 1942 年才第一次对这类星系进行了系统研究。这类星系被归类为活动星系核，简称 AGN（active galactic nuclei）。此处的“核”与原子核没有任何关系，只表明是“中心”的意思。科学上，无论何时使用“核”，主要是指“中心”或者“中央物体”的意思，因此，就会有原子核、细胞核、星系核等概念。AGN 的光谱中，主要是紫外线，但 AGN 也发出 X 射线、可见光和红外辐射。除此之外，它们有很亮的发射线。这些很亮的发射线是来自高温的弥散气体云的谱线。大约 90% 的 AGN 只辐射很少量的射电辐射，因此，这类 AGN 又被称作是

“射电宁静的”。另外10%的AGN会发出大量的射电辐射，这类AGN就称作是“射电噪的”。

也许，AGN中最奇特的就是所谓的“类星体”（quasi-stellar objects，QSO）。类星体是在20世纪60年代第一次由托马斯·马修斯（Thomas Matthews）和阿兰·桑德奇（Alan Sandage）在寻找射电源的光学对应天体时观测到的。基本上，天文学家利用射电望远镜发现了一些发出射电辐射的天体，马修斯和桑德奇使用普通的（光学）望远镜，想要弄清楚这些天体是否同样发出可见光。结果，他们的发现让人非常惊讶：有很多很亮的发射线，而且这些发射线与任何已知的化学元素都不对应。这很有趣，但不像当时对氦元素的困惑那样，也并没有导致发现新元素。1963年，荷兰天文学家马丁·施密特（Maarten Schmidt）注意到，一个类似天体的神秘的发射线其实就是氢线，只不过有很大的红移，与此红移值对应的运动速度大约为光速的15%。

在下一章我们将会看到，宇宙膨胀意味着星系之间在相互远离，而且星系之间的距离越远，相对运动速度越大。以光速15%的速度远离我们的星系，其距离超过10亿光年。类星体是宇宙学距离上的天体，因此，分辨出了这些神秘的谱线又导致产生了另一个神秘的问题：这类天体怎么会是可见的呢？一个物体要在更远的距离上被更清楚地看见，它就要发出更多的能量。银河系是一个很典型的星系。一个典型的类星体的光度大约为银河系的500倍，然而，最亮的类星体的光度大约是银河系光度的10万倍。那么，是什么发出了这么多的能量而使得数十几亿恒星“黯然失色”呢？

当天文学家考虑类星体的光变时，这个“谜”变得更深了。每个特别的类星体的亮度在短时间内会发生变化（对人类而言是短时间内，但对恒星而言就更短了）。但物体发生的亮度改变，并不是在整个表面上同时发生的。对有确定大小的物体，即使在这个物体看来，它所有部分的亮度同时变化，我们看见的也将是，这个物体不同的部分在不同的时间发生不同的亮度变化。这是因为这个物体不同的部分发出的光是在不同的时间到达我们这里。例如，有一个直径为 1 光分的物体，它的亮度立刻变暗为原来的一半，我们将看到这个物体离我们最近的部分变暗的时间，比离我们最远的部分变暗的时间要早 1 分钟。实际上，这种现象在日常生活中存在，只不过日常生活中涉及的物体的尺度相对于光速来说都太小了，使得我们看到的变化几乎都是同时发生的。我们认为看见电灯泡是瞬间熄灭的，但实际上，电灯泡的远端（从我们的角度看）发生变化的时间要比近端慢大约 5 厘米（电灯泡的半径）/30 000 000 000（厘米/秒）＝1/6 000 000 000秒，也就是大约 60 亿分之 1 秒（就我们的感觉而言，认为这是“瞬间”是没有问题的，重要的是“时间滞后”是真实存在的）。

如果某个物体的尺度为 1 光年，那么，就整个物体的亮度发生变化的情况而言，最快的变化之间将相差 1 年。然而，典型的类星体中观测到了只有几个小时的光变，这意味着它们的大小最多也就几光时。换句话说，类星体的大小比太阳系还小，但它发出的光却超过了整个星系。

而且，类星体的大光度与大质量相对应。请回想一下，恒星处在引力与压力平衡的状态。对任何引力束缚体系，这点都是成立的。这意味着，对一定质量的天体而言，存在这样一个最大光度，这个光度叫做“爱丁顿光度”。天体的光度无法超过爱丁顿光度，否则强大的光压会把天体吹散。按照这个逻辑，光度与典型的类星体的光度相同的引力束缚体系（也就是没有被自己强大的能量输出吹散的体系），要想被自身引力束缚住，它的质量至少为太阳质量的3亿倍。简单总结一下，典型的类星体的光度大约为典型的星系的光度的500倍，其大小小于太阳系，质量至少为太阳的3亿倍。这会是什么天体呢？是否有某类猜测中的天体具有这种性质？那么，究竟是什么天体呢？

天文学家经常用这样的问题来代替上面的问题：类星体和活动星系核的“中心引擎”是什么呢？为了回答这个问题，天文学家们又提出了另外一个问题：为什么在我们附近没有类星体呢？或者反过来：为什么类星体会比任何邻近的星系都要亮，甚至比有活动星系核的星系还要亮？为什么只有部分星系具有活动星系核？射电噪的活动星系核和射电噪的类星体的射电辐射来自哪里？如果每颗星系核心都有一个超大质量黑洞，并且有吸积盘围绕黑洞，那么，所有这些问题都可以得到回答。（这也意味着，我们应该为我们远离星系中心而感到高兴。）

回想一下，黑洞的史瓦西半径与它的质量成正比，如果太阳变成黑洞，它的史瓦西半径大约为3公里。这意味着质量为太阳质量3亿倍的黑洞的史瓦西半径大约为9亿公里，也就是大约6AU。这个范围比太阳系小，也在从类星体和活动星系核的光变得到的限制之内。如果能量释放效率大约为10%，那么，每年只要吸积大约几个太阳质量的物质，就能维持类星体的高光度。维持活动星系核较小的光度，相应地吸积率也就较低。这也就回答了为什么类星体比活动星系核更亮。类星体发出更多的光，是因为它吸积更多的物质。

乍一看，这个答案只是将一个谜团转移到了另一个谜团，因为我们仍然不清楚为什么遥远星系中的黑洞比邻近星系中的黑洞吸积物质的速率要高得多。但请记住，越遥远的天体发出的光到达我们这里所需要的时间就越长。因此，类星体遥远的距离意味着，我们能看见的类星体事件，发生在比活动星系核的事件更久远的过去。我们看见的不是类星体和活动星系核现在的样子，而是它们发出我们现在所看见的这些光的时候的样子。因为类星体比活动星系核更遥远，所以我们看见的是处在演化更早时期的类星体。因此，类星体和活动星系核与普通星系的不同，反映了普通星系中心的超大质量黑洞已经耗尽了燃料。更早时期，它们消耗燃料的速度更快，发出更亮的光，但后来它们消耗燃料的速度变慢了，因此也就变暗了。这也解释了为什么今天大多数星系（也就是我们能看见的邻近的星系）不存在活动星系核。这些星系中心的黑洞已经耗尽了所有的燃料，因而变得相对宁静。请注意，研究不同的恒星，能让我们理解恒星的演化。同样的，研究类星体和活动星系核，能让我们对星系的演化有一些理解。在下一章我们会再一次提及这点。

类星体和活动星系核发出的所有不同类型的辐射，比如可见光、紫外线、X 射线以及射电辐射等又如何解释呢？这些也可以用带吸积盘的超大质量黑洞来解释。物质在吸积过程中被加热，然后释放能量，这和中子星以及恒星级黑洞吸积物质时的情况相似。读者可能会认为，超大质量黑洞巨大的质量会导致吸积盘温度更高，但超大质量黑洞的尺度也很大。因此，吸积盘是在更大的面积上辐射更多的能量。还有，温度与单位面积的功率有关。将这些因素都考虑在内，结果表明，超大质量黑洞的吸积盘的温度要比恒星级黑洞的吸积盘的温度更低（因为巨大的表面积抵消了巨大的质量带来的影响）。因此，超大质量黑洞的吸积盘中高温气体的辐射主要在紫外波段，而中子星和恒星级黑洞的吸积盘中高温气体的辐射主要在X射线波段。

然而，我们所看见的能量并不只是来自吸积盘与黑洞的相互作用，还必须考虑吸积盘中物质的行为。尽管黑洞没有磁场，但盘中的等离子体会通过盘的旋转产生磁场。通过快速旋转，这个磁场（就像中子星的磁场一样）会产生电场，电场使得等离子体产生电流。电场、磁场和电流的共同作用能够以电磁辐射和加速电子的形式从黑洞中提取转动能。这个理论首先由天体物理学家罗杰·布兰福德（Roger Blandford）和罗曼·泽恩杰克（Roman Znajek）于1977年提出。换句话说，吸积盘不仅仅只是为黑洞提供“食物”，它还“偷取”黑洞的转动能，让它的转动变慢，并在此过程中发出辐射。

黑洞周围的所有活动中，引力、等离子体和电磁场之间有着复杂、持续的能量转换。运动的等离子体产生磁场，变化的磁场产生电场，电场加速等离子体中的电子。电子和光子之间的碰撞使能量在彼此间发生转移。电子在磁场中运动产生同步辐射。独特的能量转移节奏和能量形式产生了细微和复杂的光谱——但不是均匀的光谱。读者可能会认为，这种能量会从所有的方向上均匀地辐射出去，但结果却是，在两个效应的影响下，大部分能量是经由垂直于吸积盘平面的两个喷流辐射出去的。

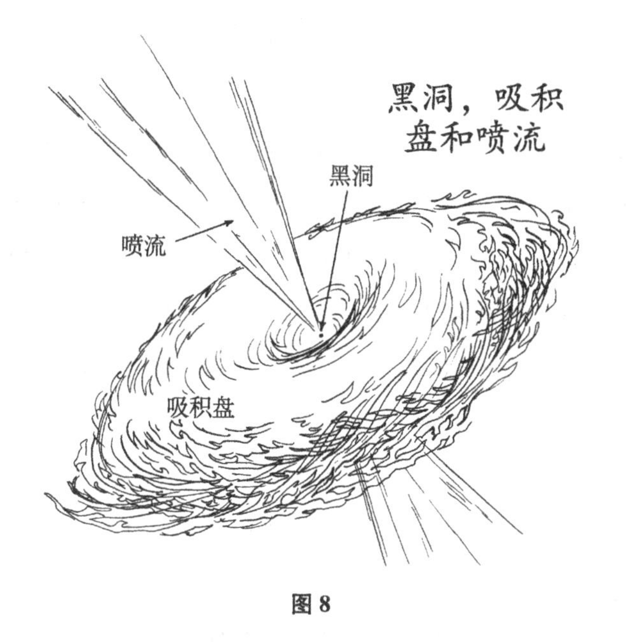

图 8

第一个效应与吸积盘有关。所有的辐射都有使吸积盘靠近黑洞的部分发生膨胀的趋势，因此，吸积盘更像是环形而不像盘状。（此处黑洞的位置是位于环形空洞的中央，见图 8。）因此，能量优先发出的方向不与吸积盘发生冲突——也就是说，从吸积盘所在平面之外的喷流中辐射出去——因为吸积盘中的物质会吸收这些能量。这些喷流在射电噪的活动星系核和类星体中格外显著。

第二个效应与吸积盘的磁场有关。等离子体由带电粒子组成，因此会沿着磁场运动。吸积盘磁场的形状有将等离子体集中在磁极的两个喷流中的趋势。其中的部分辐射被吸积盘中央附近的气体云和吸积盘中靠近外部的物质吸收。这会使得这些物质被加热，使得原子处在激发态。正是这些处于激发态的原子产生了作为类星体和活动星系核的特征的发射线。然而，喷流中的电子会继续向外运动，并通过与磁场的相互作用继续产生同步辐射。这就是射电噪的星系和类星体发出射电辐射的原因。请注意，最终观测到的是什么，依赖于黑洞的质量、吸积物质的速度以及我们的观测方位。如果我们恰好面对其中一个喷流，我们看到的这个物体，要比从沿着吸积盘边缘的方向上看同一个物体亮得多。

对于地球上的我们来说，要想对某个物体有不同的看法，我们可以在不同的方向和角度进行研究。用这种方法，比如以山为例，我们就可以从许多的方面去观察，从而发现它各个方面的特点。但我们无法变换我们相对于恒星和星系的位置。我们“被迫”只能在地球这个位置上对宇宙进行“片段式”的观测。这使得观测更广泛的宇宙变得不可能，因为观测照相变得不可能了。你无法通过拍摄一张照片，再将照片翻转而看到照片后面在发生着什么。就像你无法通过照片中一个人的正面照而看到他的背面一样，因此我们也无法通过将类星体翻转，而得到一个射电噪的活动星系核。

我们的分析稍微有些快了。在继续深入讨论前，需要对我们正在谈论的对象给出一个很清晰的理论模型。对太阳而言，我们有非常详细的太阳模型。它考虑到了所有相关的物理现象，并对太阳的性质给出定量的预言。为了建立一个能符合类星体和活动星系核的观测现象的理论，我们需要为超大质量黑洞及其吸积盘建立一个类似的模型。

结果表明，发展这样一个模型，其中有些部分比较容易，而有些部分则是比较困难的。很显然，容易的部分是黑洞自身。描述没有自转的黑洞的特征及行为的模型，是由史瓦西在 1916 年，也就是爱因斯坦发表他的广义相对论一年后建立的（这也就是用史瓦西半径表示黑洞大小的原因）。得到存在自转的黑洞的公式，则花了很长时间，这是由新西兰数学家罗伊·克尔（Roy Kerr）在1963年完成的。有自转的黑洞的所有性质仅由两个量决定：黑洞的质量和自转。这是黑洞异常简单的性质的标志。给定黑洞的质量和自转，利用克尔公式我们就能得到有关这个黑洞的一切。

从这个意义上讲，黑洞算是自然界最简单的物体了，比太阳和其他恒星要简单得多。因为太阳和其他恒星靠亚原子过程和对流等来提供能量，有许多层状结构，以及各种复杂性。在某些方面，黑洞比最基本的亚原子粒子还要简单，因为这些亚原子粒子往往有两个以上的量子数。黑洞这样的巨大的宏观物体只需要两个量就能进行描述，这本身就是非常令人惊讶的，同时也使得我们要建立的这个模型的某些方面变得很简单。

不幸的是，还是有点小困难。为了建立类星体和活动星系核的"中心引擎"的模型，我们不但要建立黑洞的模型，还要给以非常高的速度运动着，并与电场和磁场有着各种各样复杂联系的等离子的性质建立模型，而等离子体与电场和磁场之间是如何联系的，也需要建立相应的模型。再加上自转黑洞的强引力场复杂的结构，就使得计算变得异常困难。换句话说，除了建立黑洞模型，还需要建立吸积盘模型。宇宙中最基本的力在简单的黑洞周围建立起了非常复杂的过程。要想弄清楚这些过程，就好像平静的时候想要理解飓风一样难。尽管在建立超大质量黑洞模型时提出了很多过程，但无论在哪个方面，我们离建立像太阳模型一样的完整模型还差得很远。

让我们暂时不去管其中的复杂性，而只是看看简单的部分。

正如前面说到的，黑洞很简单，只需要两个量就能描述，即质量和自转。如果能知道质量和自转，我们就能知道黑洞自身所有的信息（相对于黑洞及其吸积盘而言）。

到目前为止，我们只是通过估算束缚住具有类星体光度的天体所需要的质量，来估算超大质量黑洞的质量。然而，我们能用与测量太阳的质量本质相同的方法，更直接地测量超大质量黑洞的质量。就像有行星围绕太阳做轨道运动一样，也有恒星和气体云围绕星系中心的超大质量黑洞做轨道运动。利用行星的轨道运动速度和轨道半径来计算太阳质量的公式，同样可以应用到超大质量黑洞上。

对银河系中心的超大质量黑洞，我们可以通过追踪紧紧围绕其运动的恒星而得到它的质量。用这种方法得到银河系中心超大质量黑洞的质量大约为太阳质量的 250 万倍。对其他星系而言，我们通过多普勒效应直接测量速度，然后利用测量到的速度和距离，就能得到质量。利用这种方法，天文学家得到了很多星系中心的黑洞的质量。

尽管已经建立起了测量黑洞质量的方法，但对黑洞自转的测量仍然处在最初阶段。这是因为，尽管黑洞的引力场同时依赖于质量和自转，但在除了很接近黑洞的区域之外，其他区域对自转的依赖非常弱。原则上，可以通过测量黑洞自转的效应对吸积盘最内部区域的影响来得到黑洞的自转。然而，要想精确进行测量，就需要建立足够好的吸积盘模型，才能定量得到测量到的性质是如何依赖于黑洞的自转的。初步的测量得到了一些很有趣的结果。结果显示，具有吸积盘的黑洞会旋转得尽可能得快。

★

在整本书中，我们一直在强调，“他们是如何得到的”，我们把这个问题看作是理解科学的一种方法。这个问题假定，正在讨论的科学内容实际上是已知的。但科学研究是一个持续回到未知的边缘的过程，因此，科学家一直工作在“什么是已知”和“什么是未知”的交界面。目前为止我们谈论的大部分内容，都已经被很好地理解。但本章接下来的内容中，我们将讨论一些最奇特的和最近分析的黑洞的性质，并由此开始进入仅部分已知的物理学前沿领域的旅程。

最著名的黑洞研究者应该是英国物理学家史蒂芬·霍金(Stephen Hawking)。众所周知，由于卢伽雷氏症（ALS)，霍金的健康状况正慢慢地恶化，因此，现在他需要借助装有发动机的轮椅行走，利用计算机模拟发声（这让他的一些英国同事抱怨“史蒂芬的美国口音”)。很少提到的是，霍金的物理研究随着时间而慢慢改变。在 20 世纪 60 年代和 70 年代早期，霍金是最擅长数学的物理学家之一，他使用复杂的几何学和拓扑学去证明有关黑洞的定理、膨胀的宇宙和引力塌缩的过程。这种方法的先驱者是英国数学家罗杰·彭罗斯（Roger Penrose）爵士。20 世纪 80 年代，霍金转向了对更具猜测性的课题的研究。他与美国物理学家詹姆斯·哈特尔（James Hartle）合作，试着将量子力学应用到整个宇宙，解释大爆炸的起源。在这两个时期之间，霍金完成了数学和猜测的完美组合，得到了他的杰作：黑洞辐射理论——也就是现在广为人知的霍金效应。

目前为止，我们已经分析了物质掉进黑洞时所发出的辐射。因为任何物质都无法从黑洞中逃出来，因此读者可能会认为，孤立的黑洞将是黑的，而不发出任何辐射。从这个观点来看，没有物质围绕的黑洞会发出辐射，是让人很震惊的。实际上，霍金在1974年首次发表这个结果时，的确让人十分惊讶。

为了理解霍金效应，我们假设黑洞的能量释放效率为100%。也就是假设物体缓慢地向黑洞的事件视界下落，并且所有的质量在下落过程中都以功的形式转化为能量。这就意味着，如果在该物体通过黑洞的事件视界的那个位置处，能以某种方式继续这种慢慢下落的过程，就有可能从中获得更多的功——换句话说，这个物体可能有负能量。这对由经典物理学描述的正常的宏观物体而言，当然是不可能的。经典物理学中，能量总是大于或等于零的，但在量子力学中，对单个粒子而言，这样的情况是可能的。

我们将要进入现代物理学中的一个很抽象、很难和正常的思维方式联系起来的领域。在量子场论中，描述光子和电子这类的粒子性质的量子力学认为，宇宙中最重要的物体之一就是“虚无”——更确切地说，是真空而不是“虚无”。在理论世界的这个领域中，真空并不等于“什么都没有”，而是充满了“虚粒子”。这些虚粒子都是成对产生，一个具有正能量，另一个具有负能量，并且在很短的时间内这些成对的虚粒子又会发生湮灭。因为净能量为零，湮灭后又会回到真空。从这个观点来看，你可以将“空空如也”的空间想象成其中充满了“沸腾”的粒子，这些粒子又在极短的时间内消失。

现在，让我们在黑洞事件视界的外部，但很接近事件视界的地方考虑这个过程。在这种情况下，有时候可能会发生负能量的粒子落入黑洞，正能量的粒子离开黑洞的情况，而不是正能量和负能量的两个粒子相互湮灭。这就意味着，这些粒子不是经湮灭而消失，而是产生了两个效应。对位于事件视界之外的观测者而言，结果就是从邻近事件视界的地方发出了一个粒子，到达了我们这里，并且黑洞的质量在减小（黑洞吸收了那个负能量粒子，因此黑洞的质量就减小了 E/c^2，此处 E 是负能量粒子所具有的能量）。尽管没有任何物质能从黑洞内部出来，但这个过程的总结果就是，黑洞在发出辐射，并且质量在减小。这就好像宇宙在“变魔术”，没有什么能离开一个“锁死的盒子”，但结果却是在盒子外面有更多的东西，而盒子里面的东西会变少。

有时候也可能发生这样的情况，正能量粒子和负能量粒子都落入黑洞，而不表现出任何效应。然而，负能量粒子是永远也不可能逃离黑洞的。因为对真实存在的粒子（相对于虚粒子而言），负能量粒子只在黑洞内部才可能存在。

霍金效应另一个令人惊讶的特点是黑洞发出的辐射的性质：黑洞辐射的性质与一个有温度的物体一样。温度高的物体比温度低的物体会发出更多的辐射，并且在这种情况下产生的辐射，与加热物体时发出的辐射很相似。总的来说，小黑洞的温度比大黑洞要高，除非小黑洞比大黑洞更接近其最大自转速度。

起初，看起来霍金效应很容易观测，因为我们只需要观测发出的辐射。但在对霍金的黑洞温度公式进行仔细分析后，这个希望很快就破灭了。绝对零度是温度的最低值，大约为－273℃（－459 ℉，℉为华氏度）。物理学家测量温度时用开尔文作为温度的单位，开尔文和摄氏度类似，只不过开尔文表示的是以绝对零度为基准的温度，而摄氏度表示的是以水的凝固点为基准的温度。为了得到以开尔文表示的温度值，只要将以摄氏度表示的温度值再加上 273.3 就可以了。因此，水的凝固点为 273.3 开尔文，沸点为373.3开尔文。

对质量为1个太阳质量的黑洞，霍金公式给出的温度值为大约1000万分之1开尔文（10^{-7}开尔文）——也就是，绝对零度以上1000万分之1度。对超大质量黑洞而言，情况会更糟，因为质量大的黑洞温度更低。更糟糕的是，我们将在下一章中看到，宇宙中充满了温度大约为3开尔文的背景辐射。因为黑洞的温度要比这更低，这表明黑洞会被这个温度掩盖掉（这和较弱的光被更强的光淹没一样）。因为有这个一直存在着的背景辐射“可供食用”，黑洞吸收的辐射比发出的辐射要多。

因为黑洞的温度与质量成反比，这就意味着，只有非常小的黑洞才可能有明显的温度。但正如我们前面指出的，目前看起来并没有好的观测上或理论上的理由表明这类小黑洞是真实存在的。令人烦恼的是，让我们发现真实存在的大黑洞的方法，只能让我们发现温度很低的黑洞。因此，将黑洞的壮观和量子真空的奇异完美结合的霍金效应，只稳定地存在于理论世界中，在感知世界或者探测世界中并没有实际的成分。

乍一看，这好像并不是那么坏。毕竟，太阳模型中也有某些方面（比如太阳表面和核心之间某处的温度），我们没有直接的观测证据，但我们同样接受了它们，这是因为它们是已经用其他的方法证实过的理论的一部分。霍金的计算依赖于弯曲时空的量子场论，这是一种在广义相对论的弯曲时空中进行量子场论计算的方法（我们将在下一步讨论宇宙的曲率）。对量子场论和广义相对论，都有一些实验进行了检验，但还没有实验检验两者的组合，即弯曲时空中的量子场论。这也产生了这么一个奇怪的现象，即我们能证明一个理论的两个方面，但无法证明这两个方面的“组合体”。因此，在将这两个理论组合在一起时，我们必须小心对待。

那么，我们是否有理由相信霍金的计算呢？当然，从某种程度上来说，有。因为有一些证据，使我们可以从两个其他方面得到霍金效应：黑洞热力学和盎鲁效应。盎鲁效应是以加拿大物理学家威廉·盎鲁（William Unruh）的名字命名的，他做了很多广义相对论方面的工作，还对在试图统一广义相对论和量子力学的过程中出现的问题进行了广泛研究。

热力学主要是研究热和温度的。热力学中有一个叫做“熵”的概念。熵是给定系统的总无序度的数学度量。有个定律（叫做热力学第二定律）说的是，熵一直是增加的。因为这个定律是热力学第二定律，读者自然就会想，是否存在热力学第一定律，如果有，又是什么呢？热力学第一定律说的是，热是能量的一种形式，能量既不能产生也不能消灭，只能在不同的形式或者不同的物体之间相互转化。因此，热力学第一定律是关于能量守恒的定律。顺便提及，热也是一种能量。

任何人，只要看过青少年的卧室，就不会惊讶这种倾向于混乱的状况，但可能会对“这种无序还能被定量化”以及“无序度的增加还能成为物理定律”感到诧异。这可以用“青少年的卧室”来比喻（当然，我们存在偏见，但我们都有自己的孩子，因此我们有父母们常有的偏见，至少对其他父母而言，这些偏见是可接受的）。在一间整洁的房间里，每个物品都在它应该在的位置上（比如，书整齐地放在书架上，干净的衣服叠放在衣柜中，脏衣服则放在篮子中待洗，等等），但在一件凌乱的房间中，物品都随意放置，不在它们应该在的地方（“爸爸，三明治奶酪怎会在电脑上面，它是喂老鼠的吗?")。

因为每件物品只有一个恰当的位置和很多不恰当的位置，如果青少年并不注意每件物品应该放在什么位置，而是在房间里随意放置，那么，这些物品就有更大的可能位于不恰当的位置，因此这个房间也就很可能是很凌乱的。换句话说，熵就会增加，因为有更多的方法让房间更凌乱而不是更整齐。

当然，熵和热力学第二定律所带来的后果，远比让青少年"将房间收拾干净"要严重得多。普通的水结冰过程就是一个与熵有关的例子。水在0℃（32℉）的时候会结成冰。冰中的水分子之间更加有序，相互之间结合得也更紧密。如果冰比液态水更加有序，那么，为什么水结成冰的过程没有破坏热力学第二定律呢?因此，我们需要进一步了解熵。

热力学第二定律说的是，一个系统总的熵是增加的。这意味着，我们可以降低一个系统某个部分的熵，只要这个系统能有某些地方可以"堆放"多余的熵（顺便提及，这也就是空调的工作方式，多余的熵被传递给了外部环境）。冰中的水分子比液态水中的水分子束缚得更紧密，因此冰的能量比水更低。水结冰时多余的能量释放给了其他物质，并使得这些物质中的分子运动速度变得更快，从而增加了这些物质的无序度。当能量释放所产生的额外的无序能被结冰时产生的有序补偿时，就会结冰。当温度满足在该温度下水结冰过程中释放的能量所产生的额外的无序度能被水结成冰而带来的有序度补偿时，此温度下的水就能结成冰。

第二个与热力学第二定律有关的例子是汽车燃料的燃烧效率。汽车运行时，引擎会变热。也就是说，来自燃料燃烧产生的一些能量用来驱动汽车，但有一些能量转化为热而浪费了。结果表明，超过一半的能量以热的形式浪费掉了。当第一次知道这个事实时，我们可能对底特律（或者斯图加特、名古屋）的汽车工程师们感到愤怒，但这并不完全是他们的错。能将燃料燃烧时产生的所有能量都转化为机械能的汽车引擎是被热力学第二定律禁止的，因为这会减少熵。实际上，给定引擎汽缸的温度（这受汽车引擎的材料限制），能达到的最高燃烧效率大约为50%。（这并不表明实际可用的效率为这么多，其他的因素会使得汽车引擎的实际效率要低于这个理想值，目前的实际效率甚至也达不到这个“低于理想值”的理想值。）

为什么看起来似乎与物理学其他分支毫无关系的热力学，会与黑洞有关呢？在弄明白这个之前，回想一下，宇宙是一个整体，普适的定律在所有情况下都适用。这点很重要。这意味着，我们完全有理由将热力学第二定律应用于黑洞，并且在黑洞领域内对热力学第二定律进行检验。科学思维最重要的一个优点就是，知道如何以及何时将一个观点或一个原理从一个物体转移到另一个物体上。

热力学能和黑洞联系起来，是因为有黑洞存在的热力学系统的行为会给热力学第二定律带来危机。我们无法看到黑洞事件视界内部发生的事情。对此，我们会说：我们只考虑发生在黑洞之外的现象。让我们来考虑当物体落入黑洞时会发生什么。只要我们考虑的是黑洞之外的世界，那么，这个物体就已经消失了。起初看起来，这可能为热力学第一定律带来了问题。但请回想，质量和能量是等效的，黑洞的质量可以从它的引力效应观测得到。因此，当物体落入黑洞后，它的能量并没有消失，而是简单地转化成了黑洞的质量。只要物质和能量是守恒的，就没有问题。

但物体落入黑洞后，它所含有的熵确实丢失了。因此，好像总熵（至少黑洞之外的世界的总熵）减少了。所以，只要存在黑洞，热力学第二定律就会有例外（就好像有一个地方能堆放青少年房间内凌乱的物品）。

这个难题被霍金效应解决了。因为黑洞有温度，它就是个热力学系统，因此就有熵。实际上，霍金的计算表明，黑洞的熵与其事件视界的面积成正比。事实上，在霍金之前，以色列物理学家雅各布·贝肯斯坦（Jacob Bekenstein）就建议过，如果认为黑洞也有熵，并且黑洞的熵与其事件视界的面积成正比，就能解决黑洞为热力学带来的这个难题。因此，物体落入黑洞的过程，也不会破坏热力学第二定律。在这个过程中，物体自身的熵丧失了，但黑洞的质量增加了，因此黑洞的事件视界的面积也增加了。考虑了这两个因素后，可以得知总熵是增加的。换句话说，我们可以振作起来，因为霍金效应解决了热力学中的一个冲突。

这不是循环论证，因为在霍金计算之前，人们就已经得到了当物体落入黑洞时，黑洞的质量和面积的变化规律。当时就已经注意到，这些“黑洞力学定律”与热力学定律有一定的相似性。然而，人们当时认为这仅仅是巧合。在霍金计算之后，人们才明白并没有独立的黑洞力学定律。黑洞也是热力学系统，“黑洞力学定律”只是通常的热力学定律应用到黑洞上面得到的结果。

将热力学作为霍金效应的证据，这可看作是仅从审美的角度来相信某个理论的理由。这个理论将引力和热力学以意想不到的方式结合在一起，形成了一个有机整体，这对物理学家而言是非常好的。在这个过程中，这个理论解决了与“黑洞和热力学之间的相容性”有关的疑难。在这个意义上，这个理论简直是“太优美了以至于不会是正确的”。然而，人们很少说出这个理论“究竟美在哪里”，以及“为什么这种美应该被看作是不得不接受这个理论”的理由。对霍金效应和黑洞热力学而言，这却是很清楚的。

这种审美的说法，可能会带来不适，因为在这点上，我们没有以美为标准来接受科学思想，但这并非只是简单的欣赏，还有更深层的含义。我们可以重新表述这个说法：或者霍金效应发生，或者已经在其他情况下得到证实的某些基础科学分支崩溃。这并不意味着我们必须接受霍金效应，而仅仅意味着，除非我们发现一些能让我们不相信热力学的其他理由，否则我们应该稳妥点，站在霍金这边。

科学上，定律很少有个别的例外。当发现看起来可能是例外的单独情况时，更应该做的是看看“什么样的更宽松的条件下”能产生出这样的例外。这种情况下，我们假设热力学第二定律是正确的，因为它在很多检验面前站住了脚。我们知道，如果第二定律可能在这些情况下不成立，或者在某些与霍金的条件完全不同的情况下成立，除非我们有理由认为它真的被破坏了，否则我们就应该接受它。我们接受霍金效应，因为它能将整体很和谐地统一在一起。它可能是不正确的，但它能将所有的定律结合在一起，并解释有关的现象，这就是我们接受它的原因，除非有证据表明它错了。

幸运的是，我们有另一个效应来支持霍金效应：盎鲁效应。盎鲁问了一个看似与此无关的普通问题。他问，如果有，真空中正在做加速运动的物体会吸收什么辐射。换句话说，因为真空实际上是充满了“沸腾”的虚粒子对，当物体在这个充满“泡沫”的虚无中运动时，会有哪些现象与辐射相关？为了回答这个问题，盎鲁使用与霍金相同的弯曲时空中的量子场论进行了计算。此处，“弯曲”时空并非真的是弯曲的。我们考虑的对象在相对论中很微小。按照相对论中的等效原理，从做加速运动的物体自身来看，这个物体处在弯曲或者变形的时空区域中。等效原理是指，做加速运动的观测者与引力场中静止的观测者等效。（换句话说，你无法有效区分“自身做加速运动”与“在引力场中处于静止”这两种状态。）

盎鲁的计算结果表明，在真空中做加速运动的物体会吸收辐射，就好像它被具有一定温度的辐射场包围着一样，并且在盎鲁公式中，这个辐射场的温度与物体的加速度成正比。乍一看，盎鲁效应好像是自相矛盾的。没有真实的热辐射，或者至少对正常的未做加速运动的观测者而言，没有看见这样的辐射。那么，为什么做加速运动的观测者会观测到热辐射呢？得出这个矛盾的答案，是因为对盎鲁效应的计算用的是另一种方法，即普通量子场论的方法。

我们注意到，即使在普通量子场论中，真空也不是真正“虚无”的，而是充满了瞬间创生，然后湮灭的虚粒子对。做加速运动的观测者会偶尔吸收虚粒子对中的一个，这样，另一个粒子就成了一个真实的粒子而飞离。用普通量子场论的语言来说，这个做加速运动的观测者通过与真空的相互作用而发射粒子。这个观测者与真空相互作用的方式，与这个观测者在具有特定温度的热辐射场中吸收粒子的作用方式相同，而这个热辐射场的温度就是由盎鲁公式描述的。结果，对真空中做加速运动的物体而言，两种计算方法得到了相同的结果，只不过是用不同的语言描述的。弯曲时空中的计算说的是，观测者探测到的是自己“沐浴”在热辐射中。平直时空中的计算说的是，做加速运动的观测者发出辐射，并与每个辐射粒子进行“反冲”，而且，这些反冲的形式和强度，与这个物体“浸人”热辐射场中所受到的反冲一样。

到这里，读者可能会问：“那么，究竟是哪种情况呢?”在某种意义上说，我们无法回答这个问题，但从其他意义上说，我们已经回答这个问题两次了。平直时空和弯曲时空这两种观点，告诉我们“正在发生着什么”，并且为我们提供了“弄清楚正在发生着什么”的方法。到目前为止，我们讨论的话题已经离感知世界很远了，我们无法提供合乎我们正常认知框架的答案。为了将我们身边的宇宙包含在内，我们还需要使用除感知之外的模型。这不是我们第一次，也不是最后一次表明舍弃上述问题中舒适的部分的必要。然而，听起来似乎很奇怪，人们最终会接受“真正发生”的情况，而这些情况在仅仅几代人之前会被认为是荒唐的。现在，绝大部分人都接受“人是从一个以长长的分子链（DNA）对信息进行编码的独特的细胞成长而来”的观点，但在200多年以前，对这个观点的最好的反应可能是“哦?”

言归正传。像霍金效应一样，盎鲁效应中的温度也非常低，这也使得测量变得困难。尽管类似的效应也能通过观测在加速器中做圆周运动的高速粒子而得到。即使没有实际的观测，盎鲁效应也有坚实的理论基础，因为它能用普通量子场论进行计算，而量子场论是一个已经被很好检验过的理论。普通量子场论和弯曲时空中的量子场论对盎鲁效应得到了相同的答案，这也增加了弯曲时空中的量子场论的可信度，从而也增加了霍金效应的可信度，因为霍金效应就是用弯曲时空中的量子场论进行计算得到的。我们只能接受霍金效应，因为霍金效应非常符合有着坚实基础的理论的其他部分。有的读者可能会认为霍金效应建立在“高桩”之上，虽然能触着“地面”，但它所依赖的基础却是摇晃不定的。

尽管霍金效应解决了与热力学有关的一个矛盾，但它创造了一个新矛盾，也就是我们常说的信息丢失。请回想一下，黑洞只携带两个信息，即质量和自转。然而，可以塌缩形成黑洞的恒星要复杂得多，要描述恒星（构成恒星的每一个粒子的特征）就需要多得多的信息。因此，形成黑洞的过程中丢失了大量信息。相似地，当物体落入黑洞时也会丢失很多信息。黑洞只有质量和自转发生变化，但要描述这个落入黑洞而消失的物体，我们需要更多的信息。读者可能会认为，这些信息的丢失只是相对于黑洞外部的观测者而言，但实际上，这些信息依然包含在黑洞内部，只是我们忽略掉了。

不幸的是，因为黑洞的蒸发过程，这种“地毯式清理信息”的宇宙行为不起作用。请回想一下，由于黑洞有温度，它们会发出辐射，因此会损失质量。尽管目前的 3 开尔文的宇宙微波背景辐射使得黑洞是辐射的净吸收者，但宇宙膨胀最终会使背景辐射的温度降到低于黑洞的温度，那个时候，黑洞将开始向周围散失能量。这种能量的丧失会使黑洞减小。最终，这种环境里的黑洞会蒸发。

为了理解黑洞为什么会蒸发，回想一下，黑洞的温度会随着质量的减少而升高。这种质量损失会导致温度增加，这又会使得黑洞更快地损失质量。最终，黑洞所有的质量都会辐射掉，黑洞就会消失。这个过程需要多长时间呢？对于1个太阳质量的黑洞，完全蒸发掉所需要的时间大约为10^{64}年。与我们习惯的时间尺度相比，这是个很巨大的时间值，甚至与宇宙的年龄相比也是个巨大的值，宇宙的年龄大约为1.4×10^{10}年，即大约140亿年。可能在宇宙的整个一生中，都没有黑洞会蒸发掉，但即使如此，黑洞会蒸发意味着我们必须解释信息去哪里了，因为当黑洞消失时，形成黑洞的恒星以及落入黑洞内的每个粒子的信息也都从宇宙中消失了。

我们能在黑洞周围搜寻可能保存信息的地方，但我们很少去这么做。例如，尽管黑洞发射出热谱辐射，但这些辐射只包含了很少的信息量。热谱能完全由它的温度来描述（这只是整个系统中的一点点信息）。同时，没有其他更多可能的保存信息的候选者。

到这里，读者可能想说："好吧，信息丢失了，那又会怎么样呢？每次我的电脑崩溃时，信息都会丢失。"但在量子力学中，信息的保存（在这种情况下称作"幺正性"）是一个基本原理。基于我们不打算深入涉及量子理论深层次的原因，不满足幺正性的量子力学理论的基本原理和结论都与目前的量子理论有着很大的不同。但目前的量子理论已被大量的实验检验是正确的。面对这个疑惑，可以认为（a）量子力学必须被修改为能与黑洞蒸发时信息丢失的性质一致，或者认为（b）霍金效应必须修改为满足量子力学幺正性的要求。

几十年以来，科学家一直在争论是选择支持霍金的备选方案a还是选择反对霍金的备选方案b。请注意，反对霍金的科学家并没有否认霍金效应，只是简单地认为黑洞蒸发的具体过程需要被修改，以使得黑洞发出的并不只有热辐射，还包含了一些经过“精细编码”的有关黑洞形成过程的信息。这场争论因为霍金和基普·索恩（Kip Throne）与约翰·裴士基（John Preskill）的打赌而显得正式。基普·索恩在黑洞天体物理性质方面和引力波辐射的性质方面进行过很多研究。尽管在这次打赌中，他和霍金处在同一阵线，但在之前的一次他与霍金关于“裸奇点”的打赌中，基普·索恩胜了霍金（霍金认为这是个技术性问题）。约翰·裴士基在粒子物理学和宇宙学方面做了很多研究工作，但他目前的兴趣在量子信息和量子计算机理论方面。

霍金和索恩认为黑洞蒸发时信息丢失了，但裴士基却认为没有丢失。2004年夏天，霍金改变了自己的科学立场，并承认自己输了（霍金开始认为信息会泄露出去）。然而，尽管霍金已经放弃了，但支持霍金的人却没有放弃。在撰写本书的时候，索恩仍没有承认输了。然而，盎鲁在早前的科学辩论中就引起过类似的争论，他说：“像伽利略那样，霍金也放弃了自己的理论。”但真实情况究竟如何，依然尚无定论（实际情况要复杂得多）。

我们介绍了目前黑洞最前沿的研究，并介绍了其中一个公开论战。看着这个论战，可能有人想说科学也没办法了（“哦，这是科学的灾难。在劫难逃！在劫难逃！在劫难逃！”）。实际并非如此。在任何给定的时间点上，都会存在这样的科学论战，但最终都会被解决。虽然答案还未知，但这并不能说明将来答案也未知。科学中的这些问题会引导理论和实验的深入。科学正是通过解决这类尚未解决的问题而发展，因为重大的问题会激励理论和实验研究。这些问题划出了探测世界和理论世界之间的界限，就好像在说：“请在此挖掘！”未知的“X”标识出了场所所在。

因此，新一代科学家会取得进展，找到答案，但又会提出新的问题。在某些方面，目前科学上未知的问题，对下一代科学家而言是很好的挑战，因为每个新的答案都会带来新的问题，这就需要更多人来回答。

第8章 引力波

尽管对黑洞特征进行过精彩分析，霍金效应目前还只停留在理论阶段，因此，我们必须再一次问，关于黑洞，目前我们能探测到什么。对黑洞及其周围吸积盘产生的效应的探测，看起来很少能告诉我们除了“黑洞是很致密的天体，具有极强的引力场”之外的其他信息。关于黑洞，我们还能探测到其他能得到更多信息，而不只是简单的“黑洞强引力场”的现象吗？是的，的确有，并且还与引力辐射有关。

引力辐射与我们熟悉的电磁辐射类似。广播站通过使电流在天线内快速上下振荡来产生无线电波。这产生了从天线向外传播的电磁波。当无线电波到达收音机的接收天线时，就会在接收天线中也产生快速地上下振荡的电流，这些电流接着被收音机探测到。顺便提及，这正是理论世界中非常抽象的一个部分（麦克斯韦方程组，见前言部分第xvi页的脚注）产生相对简单的方法来创造物体：无线电波发射器和接收器，而后这些物体又彻底改变了人类的生活（我们今天依赖的，相互联系的整个通讯网络）。

正如电荷的前后运动能产生电磁辐射一样，质量的前后运动会产生一种叫做“引力辐射”的现象。也正如电磁辐射能看作是光波一样，引力辐射也能看作是一类波，叫做“引力波”。引力波从引力源向外传播，当遇到其他具有质量的物体时，这些物体会在引力波的作用下产生运动（这与无线电发射器和接收器惊人地相似）。引力辐射和电磁辐射之间最主要的区别就是，引力相互作用比电磁相互作用弱得多，这也使得引力辐射比电磁辐射更难测量。

我们可以用磁铁吸起铁钉来形象地说明引力相互作用比电磁相互作用弱得多。能轻而易举地被拿在手上的磁铁，正在利用它的磁力吸引起铁钉，然而，此时此刻，整个地球也在用它的引力吸引铁钉，最后，细小的磁铁赢了。

尽管引力辐射很弱，但它并不只是理论上的。在脉冲双星系统中，人们间接地探测到了引力辐射。这个脉冲双星系统在1974年首次被罗素·胡斯（Russell Hulse）和约瑟夫·泰勒（Joseph Taylor）发现。这个系统中，一颗星为中子星，另一颗星为脉冲星。就我们的目的而言，这个系统很重要的一个性质就是，其脉冲星非常规则的脉冲使得它成为了一个非常精确的钟，与我们最好的原子钟相当（可能要更好）。但请记住，多普勒效应引起观测到的脉冲周期的变化依赖于脉冲星的速度。因此，我们可以使用内在的脉冲规则性作为测量速度的方法。由于对脉冲高精度的测量，我们就能以很高的精度得到脉冲星的速度随时间产生的变化，从而能以极高的精度得到中子星轨道、质量以及轨道周期（中子星与脉冲星互相绕转的轨道周期）等结果。请注意，仅仅通过对单个现象的非常精确的测量，就能完成许多计算，并得到很多有关现象的精确结果。脉冲双星系统是非常好的系统，因为它能告诉我们如何测量，然后通过计算得到它的性质。如果有更多这样的系统就好了。当然，即使有很多这样有趣的双星系统，你也不会愿意居住其中的，所以最好还是通过望远镜远距离观测它们。

因为中子星就是运动中的质量，广义相对论预言，脉冲双星系统会辐射引力波。而且，如果给定中子星质量和轨道的详细信息，用广义相对论就能计算出在给定的时间内，该脉冲双星系统会以辐射引力波的形式损失多少能量。能量损失反过来会影响到中子星的轨道。起初，读者可能会认为，损失能量会导致绕转速度变慢，因而会使轨道周期变长。然而，对引力束缚体系而言，损失能量会使体系束缚得更紧密，换句话说，中子星和脉冲星之间的距离会更近。正如太阳系中，轨道越小，轨道周期也越小一样（离太阳越近的行星，轨道运动的速度越快——它们的一年比我们的一年要短）。

因此，当中子星损失能量，它们的轨道运动速度就会增加。就我们的目的而言，重要的是，广义相对论能对由引力波辐射而损失能量造成的轨道周期（非常小）的变化做出很精确的预言，而且脉冲星就是这样一个能测量（并且已经测量）到很微小的变化的精确的钟。实际测量到的周期变化与广义相对论的预言相符，这样也就间接地探测到了引力辐射。换句话说，我们能判断出这个系统中有引力辐射，是因为它的行为符合存在引力辐射时的行为。如果还有其他原因能引起能量损失，那么，这些其他原因必须产生同预言的引力辐射一样的效应。当然，有这种可能，但这种情况不可能出现。

虽然如此，我们还是更希望能直接探测到引力波。与探测中微子类似。（中微子因为很难与其他物质发生相互作用而变得非常难以探测。）我们可以猜到，很弱的引力相互作用会使得直接探测引力波成为巨大的挑战。然而，与成功的中微子探测器类似，即使不知道探测引力波的原理，我们也能猜到，成功的引力波探测器必须有三个方面的特征，即巨大性、精确性以及隔绝性。

我们遵循的分析过程指出了在探测世界中要继续前进的一个至关重要的方法，即解决类似问题的方法。如果我们曾经用某种方法解决了某个问题，当我们遇到了同样困难的问题时，我们可能首先想到用与解决先前那个问题相似的方法去解决这个问题。简而言之，一个好的经验规则并不是推倒重来，除非遇到的是全新的问题。

回想一下，在中微子探测器中，原子的数目越多，中微子与其中的原子发生相互作用的可能性就越大，因此，从大量的原子数目这个意义上来说，巨大性是探测器的一个很重要的特征。然而，从能探测到单个中微子与原子的相互作用这个意义上来说，精确性也是很重要的。最后，因为其他粒子（比如宇宙线）可能也会在探测器中与原子发生相互作用，从而有可能被误认为是中微子。因此，就很有必要将探测器放置在很深的地下，以杜绝其他粒子的影响。

我们将会看到，尽管探测引力辐射的探测原理实际上与中微子的探测原理有很大的不同，但在设计和使用中，它们都遵循相同的巨大性、精确性和隔绝性三个要求。引力波探测器本质上就是迈克尔孙干涉仪，也就是用来证明“光速是不变的”时用的那个仪器，尽管此时用的光源是激光。激光束被分束器分成两束，每束激光都沿着“L”形干涉仪的一个“臂”往返运动。接着，两束激光又汇合，然后发生干涉。对探测引力波而言，干涉仪被设置为完全干涉相消：两束激光干涉后相消，在不存在引力波时，重新汇合后的光束完全是黑的。

那么，当有引力波通过时，干涉仪会发生什么呢？在相对论中，时空的弯曲表现为引力。这个观点在介绍相对论的书籍中，用“将物体放在橡皮薄板上”的方式被形象地解释了很多次。“橡皮薄板”的比喻，作为表达弯曲时空的基本的概念是合适的，但缺乏很多真正理解相对论所需要的详细信息。

无论如何，如果引力使时空发生弯曲，那么，对设置成完全干涉相消的干涉仪而言，有引力波时使得空间发生弯曲，从而使得原本再汇合后的两束激光由于干涉相消而全黑的情况发生变化，变亮。这也就不奇怪了。这种变化的原因在于，引力波使干涉仪的一条臂变短了，同时使得另一条臂变长了，因此干涉作用就变弱了（图 9）。通过测量光束变亮的总量，我们就能得到引力波的强度。

引力波对干涉仪的影响（未按比例绘制）

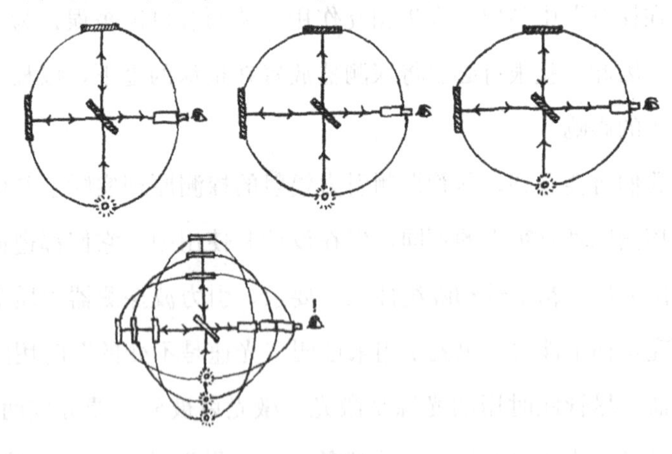

图 9

以目前我们介绍过的内容，读者可能想要在自己的地下室里建造一个引力辐射探测器（这会有多困难呢？让我们去商店买个激光发生器，两个镜子，以及一个分束器）。但读者自己无法保证这种自建的引力辐射探测器的巨大性、精确性和隔绝性这三大要求。引力波通过使干涉仪臂的长度发生极其微小的比例变化而使干涉仪臂发生变形，总的变化比例取决于引力波的强度。但是，因为干涉仪的信号依赖于实际改变的长度，这就意味着，干涉仪越大，信号也就越强。因此，对引力波探测器而言，就需要很大的尺寸。LIGO 是最近建造的引力波探测器，其中的一条臂的长度大约为 4 公里（因此，家里是无法放置的）。这个听起来很奇怪的名字，LIGO 是激光干涉引力波天文台（Laser Interferometer Gravitational-Wave Observatory）的英文首字母的缩写。LIGO 实际上有两个探测器，一个位于美国路易斯安那州的利文斯顿（Livingston），另一个位于华盛顿州的汉福德（Hanford）。其他的引力波探测器也都有很奇怪的名字，比如位于意大利卡辛那（Cascina）的 VIRGO，位于德国汉诺威（Hanover）的 GEO600 和日本东京的 TAMA300 等。

尽管具有如此长的臂，臂长度的变化仍然只相当于光波长的很小一部分。因此，探测器的精确度必须非常高，才能在引力使发生干涉的激光束由“完全相消”变化到“不完全相消”时，精确测量出光的细微的总变化。因为光的总变化量也与激光的强度成正比，所以探测器必须还要具有功率强大的激光（可以去硬件商店里买设备）。

然而，只有巨大性和精确性这两个性质是不够的，因为还有除引力波之外的其他物质能使探测器产生信号。探测器必须与这些外在影响隔绝。一个简单的隔绝的例子源于这么一个事实：激光在沿臂内通道运动时，在经过通道的空气时会发生变形。因此，整个“L”形的探测器必须位于空气已被抽出的管道中。LIGO必须在真空中运行。反射镜和分束器会因为震动而产生移动，因此必须将它们放置在精心设计的悬置机构上。从可行的意义上来说，要隔绝任何形式的震动。正如你可能认为的那样，我们是无法在自己家里开展这样的实验的。

上面没有提到的是，探测还要求有相对强的引力辐射源。中微子探测器的成功，正是因为太阳释放出了大量的中微子。引力波探测器也需要强引力波辐射源。黑洞之间的碰撞产生的就是这样的强引力波辐射源。正如一些由双中子星构成的双星系统一样，它们实际上是由双黑洞构成的双星系统。和脉冲双星系统一样，双黑洞系统也会辐射引力波导致能量损失，这将使黑洞之间的距离变得更小。最终，两个黑洞间的距离会变得足够近而发生碰撞，合并成一个更大的黑洞。双中子星系统中，两颗中子星之间的碰撞也会形成一个黑洞，并发出引力辐射。由黑洞和中子星组成的双星系统同样也会发生碰撞。这类碰撞系统是很诱人的目标，因为它们将会产生很强的引力辐射信号（“强”只是相对而言的）。

如果能从理论上建立双黑洞系统中黑洞发生碰撞时产生的引力辐射的模型，我们就能尝试用探测器去寻找此类现象。那么，理论会告诉我们什么呢？至少对碰撞过程的最后阶段（即黑洞合并时），理论有很清楚的预言。最后形成的大黑洞将“沉寂”为由克尔公式描述的黑洞。因此，这个沉寂过程中，一个扭曲的克尔黑洞以引力波的形式而“脱掉”其扭曲。将这个过程与响铃的过程进行类比，对理解是很有帮助的。铃有固定的形状，但响铃时，铃的形状就会马上发生变形。铃通过震动发出声波，并最终停止震动而恢复原来的形状。在铃“慢慢平静下来”的过程中发出的声波的特征——换句话说，铃的信息——依赖于铃的形状和大小以及材质。与铃进行类比，在这个“铃声衰减”的过程中，扭曲的黑洞辐射的引力波的性质依赖于黑洞的性质。但黑洞只有两类性质：质量和自转。因此，引力波的特征就可以用克尔公式进行计算得到。如果探测到这些引力波，并且它们与理论预言相符合，那将证实克尔公式对黑洞性质的描述，并为我们研究黑洞的性质提供详细的探测信息。

那么，黑洞之间的碰撞有多频繁呢？不幸的是，不太频繁。在两个黑洞相距很远的双黑洞系统中，引力辐射是非常弱的，对黑洞互相绕转轨道的影响也非常小，需要非常长的时间才能让两个黑洞变得足够近而发生碰撞。脉冲双星系统的轨道变化也非常小，需要大约 3 亿年才会使得两颗中子星发生碰撞。如果只是粗略地猜测双黑洞系统也需要这么长时间才发生碰撞，那我们在 1 年的观测时间里，在探测器的探测范围内，仅有 3 亿分之 1 的双黑洞系统会观测到碰撞。探测器的探测范围可以和广播站很好地类比。离广播站的发射器越远，信号就越弱，因此你只能收听到有限的广播电台。在你的收音机的范围内有一些广播站，它们因为足够近、信号足够强而能被你的收音机接收到。请注意，你也可以通过使用更好的接收器来增加在你范围之内接收到的电台的数目。

在撰写本书的时候，引力波探测器还没有探测到任何引力辐射。因为缺乏足够多的引力波源，这也就不足为奇了。尽管

LIGO能探测到在银河系或者邻近星系中任何地方的双黑洞碰撞，但对双黑洞系统数目的估算结果表明，在一定年限里，在邻近星系中发生任何此类碰撞都是非常不可能的。我们的办法就是建造能探测到邻近星系之外更远的星系中黑洞碰撞事件的探测器。尽管LIGO是巨大性、精确性和隔绝性等方面的工程奇迹，但还是不够的。提升探测器的精确度和隔绝性的计划已经在进行了，包括更复杂的隔绝震动的方法。在写完本书的几年内，这些升级就会完成。估算表明，升级后的探测器足以探测到黑洞碰撞时发出的引力波。

一个更雄心勃勃的计划是在太空建造具有极大臂长的引力波干涉仪探测器。做法是将激光器和两面反射镜分别安置在不同的卫星上。这3颗卫星两两之间的距离比LIGO的臂长要长得多的(因为装有激光器的卫星和装有反射镜的卫星之间的距离就是臂长)。此外，因为探测器是在太空中，自然就具备了真空条件，这还将使探测器免除受到地球运动和其他抖动的影响。该探测器就是LISA（激光干涉空间天线，Laser Interferometer Space Antenna)，它是美国宇航局（NASA）和欧洲空间局（ESA：European Space Agency）的合作项目，将在几年后发射升空。

我们从讨论“与太阳相比，黑洞是黑的，并且很难探测”开始本部分介绍，并以“尝试利用它们很难探测的效应去测量它们的性质的计划”结束。在下一步，我们将继续讨论甚至是更不清楚的暗物质和暗能量。然而，如果你忘记了前面介绍过的部分内容，从暗物质和暗能量开始，我们将阐明更清晰的三类世界的图像。

第3级阶梯

暗物质和暗能量

第 9 章　星系尺度

接下来的章节，将与以前的章节有很大的不同。在此处，我们要介绍的不是几乎都是已知的科学结论，而是几乎都还没有弄清楚的科学问题。所以，我们需要一些形象的类比和描述。

我们可以将一个知识领域想象成正在持续建造中的公寓。在公寓的顶部，有一大群工人正在建造新的楼层，但在这座公寓已经建好的楼层中，人们已经搬了进去，并按照建造公寓时设计的方式在其中生活。人们很享受公寓的配套设施，并且人们喜欢（或者至少能忍受）其装修风格和家具。偶尔，有建筑工人下楼去改变或者固定这座公寓之前已经建好的楼层中的某些物件，比如剥开墙面、替换烤箱、重新刷漆，等等。公寓极少需要进行彻底的改造，比如重新布线、重新架设管道，等等。只有当这种情况发生时，工人才要重新装修。公寓里的居民会抱怨管理部门。他们耸耸肩，然后说道："那个老化的牛顿式系统无法应对更快的通信要求和拥挤的交通。爱因斯坦式系统被重新安装了起来。别担心，你不会注意到它们之间的差别的，直到你使用为止。"

在“科学公寓”中，大部分人居住在最下面的楼层中，并使用着科学的成果（科技和解决问题的方法），但并不关心科学公寓是如何建造的。那些需要更多科学知识去了解自己生活中所做的事情的人（比如工程师）占据着已经建造好的更高的楼层，但这些人没有必要知道在建造过程中发生了什么，也不需要担心公寓自身的基础设施，尽管这些听起来很奇怪、很有趣。曾经与建筑承包商打过交道的人，知道在房屋的墙壁和地板中隐藏有许多奇怪的填充物。有时，从楼上传来新消息，一些新楼层已经开放入住。还有时，当工人之间爆发了争吵，这种建造过程中的噪声也会到达下面的楼层。

我们在本书中一直尝试克服生活在科学公寓里的人（领域的使用者）和建造科学公寓的人（领域的创建者或者发现者）之间的脱离。我们想要打破的，是生活在科学的成果中与建造科学本身之间的壁垒的神秘。我们不希望，也不想让每个人都成为科学领域的建筑工，但我们认为，如果每个人都能理解这些奇怪的噪声和为什么要在墙上挖出大的、黑黑的洞，那将会好得多。

所有这些的开端只是：欢迎来到施工区，请戴上安全帽。

在接下来的章节里，我们将讨论一些宇宙学内容。在我们撰写本书时，这些内容仍然是在继续研究和讨论中的课题。鉴于我们要讨论的是目前仍然未知的内容，所以我们在这些章节中提出的观点也可能是错误的，但前面章节中的大部分内容是正确的。我们对太阳的描述、对恒星演化的大部分内容，甚至对黑洞的大部分描述都充满信心。在这些章节中，我们说的大部分关于宇宙学和对暗物质和暗能量的观测都是公认的，但对暗物质和暗能量的本质，我们目前知之甚少，因此也就不那么有信心。

探索真正的未知方能显示科学方法的价值所在。当首次探测到某些新现象时，就需要回答这样的问题："这是什么"。可以从各个方面建立相应的理论。任何人都能在理论世界中提出自己的想法。事实上，当测量到了某些新现象，有人会假设之前的理论"无能为力了"，但其他人会说这正从另外的方面"证明了我的观点"。正如我们说过的，只有理论是不够的，还需要观测对理论进行检验。理论指导新观测设备的建设，因为无论对某种新现象提出何种理论，这种理论应该会有某些预言，其中的一些预言将会是可测量的。

我们正打算展开目前从未知中创造新科学的方法。"未知"的出现是因为发现了某些当时无法很好解释的新现象。因此就需要努力获得对"未知"的理解。我们希望通过介绍正在进行中的科学研究工作，来进一步阐明科学研究工作的过程。

就公平而言，我们可以用目前正在研究中的任何课题进行介绍。比如我们在前面章节中使用过的主题，有某些非常引人注意的特点：核聚变的气体球，吞噬星系的黑洞，诸如此类。暗物质和暗能量可能也具有这样的特点——虽然我们尚不清楚——但我们知道，为了尽力了解暗物质和暗能量，必须涉及宇宙的开端和结束，因此，寻找暗物质和暗能量本身就很吸引人。

简而言之，在探讨这些话题时，我们希望展示目前有关宇宙构成的一些最有趣的问题。我们将回溯时间的开始，暗示时间的结束，将存在的最大的物体和最小的物体结合在一起，并展示一个失误如何可能隐藏了两个不同的真理。

铺垫到此为止，现在让我们转向科学。

★

通常，科学要尝试回答与其研究主题有关的三个基本问题："那是什么"，"它是如何工作的"以及"它接下来打算干什么"。

像前面一样，我们将从看起来简单的问题开始，这个问题是"那是什么"的一部分：星系中包含了多少质量？这是宇宙学家很喜欢问的问题，因为在大部分支配宇宙大尺度规律的方程中，质量都是至关重要的因素。对星系而言，可以通过测量星系的大小和质量来回答"星系是什么"，从望远镜拍摄的照片中得知星系的角直径大小（即星系在天空中看起来有多大），如果又测量到了星系的距离，那就可以计算出星系的实际大小。我们将在后面介绍如何测量星系距离时再详细介绍星系距离的测量。对星系质量而言，请回想一下，我们是通过引力效应来得到天体的质量的。我们还将多次用到此方法。不过，我们经常用多种方法进行测量，以确保得到的结果可靠。在深入引力之前，让我们看看是否有其他的方法测量星系质量。

我们能观测到最多的就是天体发出的光，而星系会发出大量的光。我们能否通过接收来自星系的光的总量，来估算星系的质量？当然可以。星系是恒星聚集而成的，并且我们有理由相信太阳是颗典型的恒星。我们知道太阳的质量和光度（光度即单位时间内发出的总能量）。如果某星系的光度为太阳光度的10亿倍，我们就可能猜测它的质量也大约为太阳质量的10亿倍。使用更专业的天文语言来表述就是，我们知道太阳的质光比。通过测量星系的光度，然后乘以太阳的质光比，就能估算出星系的质量。质量估算（对银河系而言，估算得到的质量大约为太阳质量的300亿倍）毕竟只是估算，因为并不是所有的恒星都具有相同的质光比，而且也并不是星系中所有的天体都是恒星（比如，星系中心的大黑洞），但此估算值大致是正确的。

此处，我们只考虑“正常”的星系，也就是绝大多数星系的光都是来自恒星的星系，而非在前面章节中提到过的活动星系或者类星体。因为活动星系和类星体的光绝大部分是来自于中央黑洞对吸积盘中物质的吸积。在这类星系中，黑洞的质量与吸积盘的光度没有简单的相关性。

由于这些困难，我们想要用更精确的方法测量星系质量，其中一个方法就是测量星系的引力效应，并将由引力效应得到的质量值与通过光量方法得到的质量估算值比较。因为星系中的恒星都由星系的引力维系在一起，我们应该能通过观测恒星在星系中的运动来得到星系的质量。此处，我们将使用与测量太阳、恒星和黑洞质量时相同的方法：利用某个围绕星系运动的天体的轨道大小和运动速度来计算星系质量。换句话说，我们想要用与测量任意遥远天体质量相同的方法测量星系的质量。我们在前面提过，在发明新方法前看看旧方法是否仍旧适用是很有帮助的。

在使用这个方法时，我们面临一个困难：恒星位于星系内部，而不是围绕星系运动。在这种情况下，相同的公式仍然能用，但意义稍微有些不同。公式中的质量 M，并不是整个星系的质量，而是星系在恒星轨道以内的部分的质量。实际上，我们从星系中挑选出一颗恒星，并集中研究该星系位于这颗恒星轨道以内的部分对这颗恒星的引力效应。这个方法是有效的，但只能给出星系在该恒星轨道半径之内的部分的质量。

如果我们使用的这颗恒星接近星系边缘，那么就可能测量出几乎整个星系的质量。我们希望对星系的质量进行最好的测量，因此，就需要利用轨道最大（也就是最远）的恒星。

让我们尝试对旋涡星系使用这种方法进行测量。星系有许多不同的形状，旋涡星系是很普遍的。碰巧的是，我们也生活在旋涡星系中，因此首先应该知道关于旋涡星系的情况（我们局限于星系际尺度)。这些星系，像我们的银河系一样，在中央有个球形的核球，并且在围绕中央核球的盘中有几条旋臂。我们的太阳就位于银河系的一条旋臂中。

我们用来得到星系质量的公式是将径向位置（即离中心的距离）与速度联系在一起。我们通过利用位于不同地方的大量恒星的速度和位置，得到速度—半径图，而并非只利用一颗恒星。得到的图叫做星系的旋转曲线，它能告诉我们有关星系质量的一些信息。在介绍太阳系的时候，我们就已经强调，轨道质量和轨道大小之间是互相联系的，这种联系由太阳的质量决定。类似地，星系中恒星的轨道速度和轨道大小取决于星系的质量，因此星系的旋转曲线就能告诉我们有关星系内部质量分布的一些信息，并最终可以得到星系的总质量。

在开始为绘制旋转曲线而进行的必要观测之前，我们可以从理论的角度来分析，看看旋涡星系的旋转曲线是什么样子。旋涡星系的大部分光来自中央的核球及其邻近区域。因此，我们期望大部分质量包含在旋臂中某颗典型的恒星的轨道之内。换句话说，因为我们认为大部分质量位于星系中心，我们将期望对旋臂中不同的恒星会得到相似的星系质量值，即使这些恒星离中心的距离不同。因此，我们期望旋转曲线在半径越大的地方速度越小，正如我们太阳系中的行星一样。换句话说，我们认为旋涡星系与太阳系相似，星系中心的核球就像太阳，而旋臂中的恒星像太阳系中的行星。

这正是天文学家在通过观测绘制星系的旋转曲线时所以为的，但当他们实际绘制出旋转曲线后，发现并非如此（图10）。回溯到20世纪30年代，荷兰天文学家简·奥特（Jan Oort）在工作中测量了银河系中恒星的运动，结果发现要解释恒星的运动，需要更多的质量。同一时期，标新立异的瑞士天体物理学家弗雷兹·兹维基（Fritz Zwicky）研究了星系团中星系的运动，并得到了相似的结果。当时，人们认为这是由于观测精度不够，以及对星系不够了解而导致的结果，并且认为只要有时间，随着观测和理论的进展，这个“谜团”会在适当的时候得到解决。兹维基就大胆建议，星系和星系团中包含了大量暗物质（也就是不发出光的物质。作为一个术语，“暗物质”实际上是很无趣的，但随着时间的推移而变得很有趣）。然而，兹维基在当时以许多疯狂的想法而著称，他的“暗物质”的观点并没有被广泛接受。

直到维拉·鲁宾（Vera Rubin）开始于1970年的对大量星系中气体云运动的研究，暗物质才渐渐变得清晰。随半径的增加，速度并没有改变多少，这并不像之前期望的旋臂外围恒星应该有的行为。旋转曲线变“平”了。这表明，质量并不是集中在中心的分布形式。平的星系旋转曲线困扰着天文学家：为什么有不遵循恒星“分布”的其他质量？在星系的“那是什么”这个问题之内，还存在着另一个“那是什么”——在此情况下就是：“所有这些我们无法看见的东西究竟是什么？”

实际的星系旋转曲线和
期望的星系旋转曲线

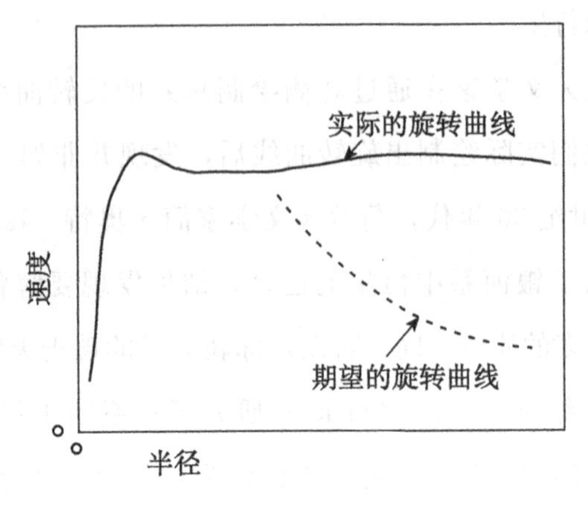

图 10

第 10 章　暗物质是什么?

如果恒星的绕转运动表明星系的质量并非集中在核心，那么，最显而易见的解释就是，存在其他看不见的、比恒星分布更加均匀的质量。正是这些看不见的质量，才使得旋转曲线变平了。换句话说，这个假说意味着，星系中包含了很多质量，这些质量既不存在于恒星中，也不集中在星系中心区域，即使在恒星很稀少的旋涡星系的外缘，依然有很多这样的物质。

这些物质的存在来源于对实际观测到的恒星运动的理论解释。这是十分合理的解释：引力依赖于质量，引力强意味着质量大。那么，这个假设的东西叫什么?因为这种正在讨论的物质并不发出任何光，因此就称作“暗物质”。尽管这是个非常易懂的名词，“暗物质”听起来很怪异，很神秘，这也增加了其奇异性(正如我们将看到的，暗物质本身就很奇怪，但这并不表明暗物质是“令人毛骨悚然”的)。

读者可能会反对用旋转曲线的形状作为相信存在暗物质的理由。但即使不看旋转曲线的形状，仅使用质量公式和观测结果，我们得到的星系总质量仍要比前面用光量方法估计得到的值高得多。即使暗物质不是以某种奇怪的形式分布着，我们也有相当好的理由去接受“暗物质真的存在，并且很多”的观点。利用引力方法得到星系的总质量超过了用光量方法得到的质量值的 10 倍。坦率地说，星系中大部分都为暗物质。

可能有读者会抱怨，我们在前面使用引力法有点草率了，因为为了得到有关质量的图，我们只是闲坐着大谈质量和轨道的概念。但有一种与测量恒星的质量接近的方法来测量星系质量。我们可以使用与测量恒星质量类似的方法去得到星系团的质量，而不是仅仅考虑单个星系。正像恒星聚集在一起形成星系一样，星系也会聚集在一起形成星系团。正像恒星之间的引力维系着星系一样，星系之间的引力维系着星系团。宇宙中有聚集成群的、有些“凝固”的结构，其中有些区域相对较密，有些区域相对较空。这种成团结构可以用功能强大的望远镜直接观测到。

每个星系都在星系团内运动，又由于星系团的引力而不至于“逃离”该星系团。在星系团尺度上，星系可以看作是单个天体，有自己的运动和轨道。将恒星的聚集体及恒星之间大量的空间在某个尺度上看作是一个物体，这听起来有些奇怪。但从行星尺度上来说，生命中的任何单个物体都是地球的一部分，从人类自身的尺度来讲，人身体中组成原子的所有质子、中子、电子以及空区域都是自身的一部分。

如果将星系看作是一个物体，那么，星系团就是运动着的多个物体的简单集合，正如太阳系是运动着的多个物体的简单集合一样。可以用多普勒效应测量星系的速度，正像我们用多普勒效应测量恒星的速度一样。然后，通过测量星系团中星系的平均速度和星系团的大小，就能得到星系团的质量，进而再与用光量方法得到的质量估算值进行比较。此处，为了谨慎起见，我们使用的是“先尝试再检验”的观测方法。此方法会让任何认为“暗物质只是我们使用的观测方法导致的偏差”的观点迅速失效。兹维基在20世纪30年代首次发表了这种方法的结果，后来的研究也得到了类似的结果。星系团的质光比要比太阳的质光比大得多——这表明星系团中包含了大量的暗的物体。

让人们很惊讶的是，这些观测得到的质光比非常大。就星系而言，与由光量方法得到的结果相比，实际观测得到的结果是由光量方法得到的估算值的10多倍，就星系团而言，则是几百倍。也就是说，星系和星系团中包含的质量相比通过光量方法估算得到的质量多得多。

既然我们知道了暗物质的存在，那么，就让我们问第一个科学问题：暗物质是什么？

我们将采用电影《卡萨布兰卡》（Casablanca）中警察队长的策略——“围捕普通的嫌疑犯”。也就是，以目前讨论过的天体为基础，我们将考虑星系中可能包含的比太阳暗得多的物体。从前面两部分内容中，我们可以列出如下“普通的嫌疑犯”：

1. 气体云

2. 低质量恒星

3. 白矮星

4. 中子星

5. 黑洞

让我们逐个分析这些“嫌疑犯”是否有“不在场的证据”吧。

“嫌疑犯1”：气体云。我们知道，恒星是在气体云塌缩过程中形成的。目前，有些气体云已经发生了塌缩，有些没有。特别地，气体云要发生塌缩，它的温度必须足够低，这样引力才能克服压力。因此，读者可能会猜测，暗物质只是简单的气体云，特别是那些温度太高而无法塌缩的气体云。

“嫌疑犯 2”：我们知道，恒星的质量范围很大，质量大的恒星引力也大，因此就会以更快的速率燃烧其核燃料以平衡引力。这也意味着，比太阳质量小得多的恒星，会以更慢的速率燃烧核燃料，因此发出的光也就更少。换言之，质量越小的恒星，其质光比越大。如果低质量恒星的数量比与太阳质量相近的恒星的数量要多得多，那么，低质量恒星就有可能是暗物质。

“嫌疑犯 3～5”：我们知道，恒星不会永无止境地燃烧其核燃料，并最终会成为这三类“死亡天体”——白矮星（嫌疑犯 3）、中子星（嫌疑犯 4）或黑洞（嫌疑犯 5）中的一种。如果死亡天体比活恒星多得多，就可能解释星系较大的质光比。因此，死亡天体也可能是暗物质。

因此，上述几种候选体，都有很大的“嫌疑”。

这些“嫌疑犯”中哪个可能是“有罪者”呢？结果可能不止一个。可能是它们共同在起作用，或者是一些重量级团伙在运作一个黑暗的阴谋，用引力来操纵宇宙……抱歉，我们要设法少谈论这样的情节，这只是一点俏皮话。无论如何，前面那些并不是我们想要的答案，因此我们将让这些“嫌疑犯”离开，但会将它们置于我们的监视之下，看看它们有哪些影响。为了做到这点，我们需要探测它们的存在，并看看它们中的任何一个是否足够多而可能成为暗物质。（请记住，这正是大帮派的工作。我们用俏皮话警告过你。）

“嫌疑犯 1”：气体云。气体云很容易被看到，因为尽管星系和星系团中的气体云不发出可见光，但它们会发出其他波段的光。温度非常高的气体云主要发出比可见光波长更短的光，特别是 X 射线。温度很低的气体云主要发出比可见光波长更长的光。特别地，冷氢原子中电子自旋发生改变时发出的波长为 21 厘米的射电波。因为气体云大部分为氢，这使得我们能进行有关的观测。利用 X 射线望远镜，我们可以得到星系和星系团中的热气体的总量，而射电天文学（就是将“收音机”调整到 21 厘米上的“广播站”）能发现冷气体云的存在。

这些都是非常好的检验方法，而且我们还有另一种检验方法。请回想一下，气体除了发出光，还能吸收光。因为类星体离我们非常遥远，经常会出现类星体发出的光穿过星系（或星系团）后才到达地球的情况。这种情况下，如果类星体的光通过了一个气体云，那么，在类星体的光谱中将出现由该气体云产生的吸收线（请记住，吸收线是光谱中的暗线，某元素产生的吸收线的位置与其光谱中发射线的位置相同）。测量这些吸收线的强度就能推测出光经过的气体的总量。因此，即使气体云相对较暗，我们也能用光来探测它们的存在，并测量它们的总质量。

这种监视的结果只是神秘暗物质的部分答案。星系和星系团中的确以气体云的形式包含了大量的物质。就星系团而言，其气体云的总质量比恒星的总质量还要多。然而，这也仅是部分答案，因为气体云的总质量与通过引力效应而得到的质量相比要少得多，我们可以将气体云看作是“不规矩”的暗物质，但我们仍然未能发现真正的暗物质。

不幸的是，剩下的“嫌疑犯”好像更不可能是暗物质了，因为它们都是正常恒星的“变种”。让我们将“嫌疑犯 2”和“嫌疑犯 3”放在一起考虑：低质量恒星和白矮星。我们知道宇宙中有很多质量与太阳相差不多的恒星。如果低质量恒星是暗物质，那么，低质量恒星的数量要比中等质量恒星的数量多得多。此外，请回想，在恒星演化中，白矮星是中等质量恒星在演化晚期的状态。如果白矮星数量巨大，那么，在星系演化早期就会有同样数量巨大的中等质量恒星。

同理，中子星和黑洞是大质量恒星在演化晚期发生超新星爆发后的产物。如果中子星和黑洞的数量巨大，那么，在星系演化早期也应该会有同样数量巨大的大质量恒星和超新星爆发。在目前的恒星形成和星系演化理论中，这些都是不可能的。不过，这也只是用理论来检验理论。因为对理论而言，暗物质是个大挑战，所以，除了理论，我们还需要用别的方法来研究暗物质。我们需要探测并记录我们的“嫌疑犯”的数量。

有一种观测方法能让我们得到星系中低质量恒星、白矮星、中子星和黑洞的数量：引力透镜。利用引力透镜，我们就能弄清楚这些天体是否足够多，而可能成为暗物质。在上一章中，我们通过考虑“强到足以阻止光逃逸的引力场”，而不是用“黑洞的引力能影响光”来检验黑洞，因为即使相对弱的引力场也会对光产生影响。任何物体，无论多么小，都会使光朝自己弯曲，就像宇宙中的天体使光弯曲一样。“光的传播路径能被有质量的物体弯曲”的观点来自于广义相对论——引力是时空弯曲的表现，时空的弯曲会影响在其中运动的任何物质，包括光。实际上，测量到太阳对星光的弯曲是对广义相对论最早、最成功的检验之一。

因为通常由玻璃制成的透镜也会弯曲光，所以引力场中光发生弯曲的现象就称为“引力透镜”。和普通的透镜可以会聚光一样，引力透镜也能会聚光。换句话说，在某种程度上，我们能像使用透镜一样利用宇宙中的任何物体（图 11）。

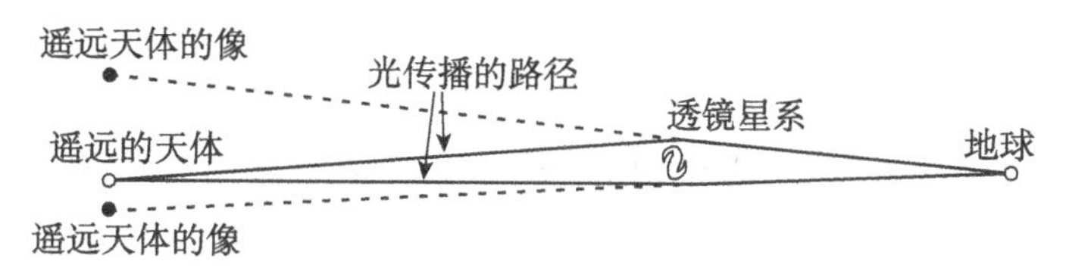

图 11

物体发出的光被引力场弯曲后，可能使得它看起来比原来更亮。引力场越强，引力透镜就越明显。因此，我们经常利用星系或者星系团作为透镜天体研究引力透镜，因为星系和星系团的质量足够大，能弯曲后面任何天体发出的光。而恒星比星系要小得多，由恒星产生的引力透镜就称为“微引力透镜”。

如果想要寻找我们银河系内的“嫌疑犯”，我们需要先找到一些合适的地方，在这些地方，它们不会被恒星的光“排挤”出去。星系的外围称为“晕”，那里的恒星非常稀少。星系晕中的“嫌疑犯 2～5”中的任何一种，都被称作“大质量致密晕天体”（Massive Compact Halo Object），简称 MACHO（选择这个谨慎的简称是为了和后面将会讨论的 WIMP 粒子对比）。使用合适的设备，我们能通过微引力透镜探测到 MACHO。如果我们在星系晕中发现了大量的 MACHO，那也就说明星系中也含有大量的 MACHO，由此也就可能宣判“嫌疑犯 2～5”的确是具有“黑暗企图”行为的 MACHO（目前为止，我们只进行最基本的比喻，只有读到最后，你才能更好地理解）。

用这种方法发现 MACHO 的过程很巧妙。我们的银河系并不是孤立的，有一些矮星系围绕它旋转。假设我们正在利用望远镜观测其中一颗矮星系中的恒星。望远镜与被观测恒星之间的连线称为“视线”。当银河系晕中的一个 MACHO 天体经过视线附近时会发生什么？在该 MACHO 天体运动路径上，有一个与我们的望远镜和所观测恒星之间的连线最接近的位置，这个位置就称为“最接近点”。随着 MACHO 的运动，它会向着最接近点运动，然后到达最接近点，继而远离。MACHO 的引力会使恒星的光发生弯曲，并使得恒星在望远镜中的像增亮，增亮程度最大的时刻发生在 MACHO 运动到最接近点的时刻。这种增亮是由于引力透镜对从恒星到望远镜的光聚焦而产生的。我们在望远镜中看到的情况是，恒星会短暂地变亮，然后又恢复到原来的亮度。当发生这种短暂的增亮时，我们就能知道有某种不可见的引力源成为了一个短暂的透镜天体。换句话说，我们用微引力透镜不是为了发现我们观测的天体（恒星），而是为了寻找透镜天体(MACHO)。

这听起来可能很愚蠢，但同样的方法也可以用在普通的玻璃透镜上。如果有透镜从你眼前通过，它会使你看到的图像发生变化。如果你看到的变化是按照有透镜经过时的方式发生的，那么，就能推测的确有透镜从你眼前经过。

MACHO 天体对被观测天体亮度的影响效应非常小，除非最近点本身离视线的距离非常小，比如，MACHO 天体几乎是穿越视线而过，就属于这种情况。对晕中任何特定的 MACHO 天体和卫星星系中任何特定恒星而言，都很难看到这颗 MACHO 天体对这颗恒星的增亮。我们可以通过大量的观测来克服这个问题，这与探测中微子有些类似。在中微子探测实验中，特定的中微子和探测器中特定的原子之间发生相互作用的概率非常低。对探测中微子而言，这个问题是通过使用含有大量用来与中微子发生相互作用的原子的巨大探测器来解决的。相似地，寻找微引力透镜需要对卫星星系中大量的恒星进行观测。

中微子探测器必须安置在地下，以避免把由于某些宇宙线引起的反应误认为是由中微子引起的可能性。寻找微引力透镜时，面临一个不同的问题，这个问题也可能产生误认：变星。有些恒星是变星——也就是说，它们的亮度并不是恒定的，而是随时间而变化的。请回想一下，恒星是处在流体静力学平衡状态的，即引力和压力保持平衡。但在变星的外层物质中，这种平衡状态只是平均意义上的流体静力学平衡。在某些时段，压力会超过引力，会使外层物质向外膨胀，并使恒星发出更多的光。同时，膨胀会使得外层物质温度降低，从而降低压力，压力小于引力时外层物质又开始收缩。这个循环过程会使得恒星的亮度发生周期性的变亮和变暗。

寻找微引力透镜时必须区分出真正的微引力透镜事件和变星。这两种现象之间有两个区别对我们非常有帮助的：①引力透镜会对所有波长的光产生同样的影响，而变星的亮度发生变化时，某些波长的光要比其他波长的光增亮大得多。②变星在变化周期内会连续地变亮和变暗，而微引力透镜事件中，亮度只增亮一次，然后就恢复正常亮度。利用这两种区别就能辨别出哪些是真正的微引力透镜事件，哪些是变星。天文学家必须很仔细地观测和分析作为“副产物”的变星，以得到大量关于变星的有用信息。因此，为了区别“嫌疑犯”和“非嫌疑犯”，必须很仔细地研究“非嫌疑犯”。有时候，某项研究使不同领域的另一研究受益，虽然这可能不是一项很伟大的工作。

寻找微引力透镜的工作已经有人做过了，并得到了很确定的结果：的确有 MACHO 天体，但数量太少而无法成为暗物质。尽管已经找到了 MACHO 天体，“嫌疑犯 2～5”只是少数“罪犯”。我们需要在其他地方继续寻找，以找到潜伏在星际“黑社会”中的暗物质（好吧，可能我们的玩笑有点过了）。

普通的“嫌疑犯”已经被排除了。如果这真的是“刑事侦查”，那我们可能要暂停一下，去考虑“根本没有罪犯”的可能性。就暗物质而言，我们应该考虑“根本不存在暗物质，我们只是简单地误解了证据”的可能性。这种可能性有多大呢？暗物质存在的证据来自于它的引力效应，特别是来自利用牛顿引力公式得到的质量公式。如果牛顿公式是错误的，那么，质量公式也是错误的。如果使用了错误的公式，就会错误地得到“存在暗物质”的结果，而事实上暗物质原本是不存在的。也许，我们应该寻找另外的引力理论，而不是寻找暗物质。

科学家已经在这么做了。爱因斯坦注意到，牛顿的引力理论不满足相对性原理，他花了 10 年时间寻找更好的理论，最终，创立了广义相对论。科学上，任何新理论都必须遵循“别将婴儿和洗澡水一同倒掉”的原则，也就是说，任何新理论都必须在旧理论被验证过的条件下与旧理论一致。这对广义相对论来说是很严格的考验。正如前面看到过的，广义相对论在弱引力场的情况下与牛顿力学在所有方面都是相符合的。任何引力替代理论要被普遍接受，都必须通过更严格的检验：不但要对苹果和行星的运动给出与牛顿引力相同的结果，而且要符合广义相对论对某些现象的解释，比如对牛顿理论预言的水星轨道进动的微小修正、太阳对星光的弯曲、脉冲双星系统中的轨道周期变化等。

尽管建立新的引力理论有这样的内在困难，但人们仍然提出了一些引力替代理论。（或者可能正是因为有这样的内在困难——有些人喜欢挑战。）总体上而言，一旦对这些替代理论进行仔细的计算，就会发现这些理论会被目前的一个或者多个实验检验排除。此外，利用替代理论解释暗物质时，不但必须要通过这些检验，而且必须要对“目前为止我们解释为暗物质”的这类现象给出正确的答案。从这些引力替代理论的结论和表现来看，这些引力替代理论不太可能是正确的。我们将把“某个替代理论能解释所有的事情”看作是种可能，但等待这样的理论出现就像是等待奇迹的发生一样。我们可能闲坐着等待，希望有人能创造出某个“能解释所有事情的、目前为止未知”的理论。这也是有可能的，我们仍然对此抱有希望，但在此之前应该排除所有其他的可能性。

此时，我们应该考虑其他的“嫌疑犯”：比如石头块。宇宙中存在的行星数目可能要比我们想象的多得多。然而，行星很难探测（除了我们居住其中的地球之外）。并且，可能存在很多其他我们无法轻易探测到的“日常物体”。但我们不会直接扩大“嫌疑犯”的范围，而将利用另一个能覆盖大部分“嫌疑犯”的实验进行检验。

对很多罪犯而言，DNA 检测能将任何与犯罪现场发现的 DNA 不匹配的嫌疑犯排除掉。与此相似，我们将看到，有观测证据能让我们不但排除掉目前为止我们考虑过的“嫌疑犯”，还能排除掉大量其他可能的暗物质“嫌疑犯”。这个检验来自于大爆炸时期化学元素的合成。

为了讨论大爆炸和化学元素的合成，我们将简单介绍时间的开端，并看看它们是如何与暗物质联系在一起的。这听起来可能很神秘，但可以与DNA检验进行类比。遗传学是生物学的基础学科之一，DNA是遗传学中最根本的对象之一。理解DNA在遗传学中的位置让遗传学的“指纹”功能成为可能。因此，生物学最根本的对象之一被应用在了现代警察的刑侦工作中。因此，在现代天文学和宇宙学中，为了检验当前的一些物体，我们可能需要回溯宇宙的起源。

大爆炸的想法来自于简单易懂的观测。回想一下，为了弄清楚星系的大小、形状、质量、离我们的距离、速度和光度，本章我们从考察星系的性质开始。20世纪20年代对星系的很多观测是由美国天文学家埃德温·哈勃（Edwin Hubble）在威尔孙山天文台进行的。大学时代，哈勃的主要兴趣是天文学和拳击运动。后来，他放弃了天文学和拳击而成为了律师，但很快就厌烦了法律，并回到了天文学领域。他第一个证明了在银河系外还存在其他的星系，并且测量了这些星系与我们的距离。哈勃空间望远镜就是以他的名字命名的。

哈勃测量了许多星系的距离和速度，并发现了一个很奇怪的现象：总体而言，星系在远离我们而去，并且相距越远的星系，退行的速度就越大。这就是哈勃定律，用数学公式表示就是：

$$v=\mathrm{H}\times d$$

其中，d代表星系的距离，v代表星系的退行速度，H是哈勃参数。因为 d 和 v 都是由观测得到的量，所以，哈勃参数的值可以通过这个公式计算得到。更精确地，如果给出大量星系的实测距离和退行速度，就能画出这些星系的速度—距离关系图。数学上，哈勃定律表明，图上的点（或多或少）位于一条直线上，哈勃参数就是这条直线的斜率。这也就说明了星系离我们越远，它远离我们的运动速度就越快，距离加倍，退行速度也加倍，等等。

乍一看，哈勃定律好像很奇怪。为什么所有星系都在不断地远离我们运动着？我们以前介绍过吗？更严重的是，可能银河系在宇宙学上有某种“臭名声”。更具体地说就是，为什么我们恰巧生活在所有其他星系都远离我们而去的银河系里？

当用不那么狭隘的观念重新审视哈勃定律时，这个表面上很奇怪的问题就不存在了。如果我们观测某个以速度 v 退行的星系 X，那么，星系 X 上的任何观测者将会看到，我们是以速度 v 远离他们运动的。更普遍的是，星系 X 上的观测者测量其他星系相对于星系 X 的速度和距离将会得到同样的哈勃定律。根据同样的哈勃公式和相同的哈勃参数，所有星系都在远离星系 X 运动。

也许不从任何特定星系的角度描述这种现象才是最好的方法。我们应该放弃“以银河系为中心”的习惯，而用更普遍的方法描述哈勃现象（这可能引起星系 X 中同样狭隘的居民的不快）。我们的确需要这种更普遍的描述，因为这个更普遍的描述说的是，每颗星系都在做远离其他星系的运动，而且星系之间的退行速度随着它们之间距离的增加而增大。哈勃定律实际上说的是宇宙随时间的变化方式，而不仅仅是其中任何一个小区域的变化方式。

为了得到这种更普遍的描述，请注意，因为星系都在远离我们，星系与我们的距离也会随时间而增加。因此，所有的观测者，无论处在哪个星系上，都同意“星系之间的距离在变大”的观点。用更简洁的语言表示就是“宇宙在膨胀”。这并不表示宇宙中的每个物体都在变大。或者正像伍迪·艾伦（Woody Allen）所说的，“我们生活在布鲁克林区，但布鲁克林并没有膨胀!”很简单，在很大尺度上，空间在膨胀，因此星系之间会变得越来越远离。

那么，星系运动得有多快呢？如果我们能得到它们的速度和距离，就能计算出哈勃参数的值。这个问题人们在测量很多星系的速度和距离后得到了回答。对星系速度的测量很简单，就是利用前面提到过的多普勒效应。测量星系的距离则十分困难，我们将在后面进行解释。直到最近几年，天文学家才得到了相当准确的哈勃参数值。哈勃参数 H 大约为每百万秒差距每秒 70 公里。换句话说，一个距离我们为 100 万秒差距的星系，退行速度大约为 70 公里/秒。

哈勃参数的单位为“公里每秒每百万秒差距”，看起来很奇怪，因为它好像没有表达任何清晰的概念。大多数物理量的单位，例如质量、距离、加速度、温度或者能量等，至少能与我们头脑中认为的这些单位应该代表的量联系在一起。但有时候你提出一个量或者观点，就需要用到一些与你想象中不同的量或者观点。在这样的情况下，你可以学会适应或者尝试改变自己的想象来适应新的观点。既然已经说到这里，那就让我们更深入一点，看看我们在思想上应该做哪些改变，才能更清楚地明白哈勃参数的含义。

哈勃参数的单位在天文学上非常有用，因为 100 万秒差距是星系间距离的典型值。简单的量纲分析就能让我们看到哈勃定律的另一层含义。公里和百万秒差距都是长度单位，因此，哈勃参数的单位为（距离/时间）/距离。距离除以时间，然后再除以距离，这与距离除以距离，然后再除以时间的结果是相同的。距离除以距离，结果是一个无量纲的数（即没有单位的纯数字 1）。因此，哈勃参数的单位就是（1/时间）。因为（1/时间）是个很奇怪的单位，我们不但要看看 H 自身，还要看看它的倒数 1/H。1/H 的单位就是时间的单位，而时间是我们很熟悉的量。

如果 1/H 代表了时间，那么，这个时间会有多长呢？100 万秒差距大约为 3.1×10^{13}公里，我们就得到 1/H 大约为 4.4×10^{17}秒，也就是大约 140 亿年。140 亿年又意味着什么呢？通过对哈勃定律的初步分析可得知，这个时间正是宇宙年龄的粗略估算值。如果某个星系与我们的距离为 d，那么，按照哈勃定律，这个星系的退行速度为 $v=\mathrm{H}\times d$。在时间 1/H 内，这个星系运动的总距离就为 $v\times(1/\mathrm{H})=\mathrm{H}\times d\times(1/\mathrm{H})=d$。这个距离正是这个星系现在离我们的距离。换句话说，在时间为 1/H 以前，这个星系和我们的银河系在相同的地方。

将这个推理过程应用到所有的星系上，我们会发现，在时间为 1/H 以前，所有的星系都处在相同的位置。或者，更清楚地说，140 亿年前，后来成为星系的所有物质都在相同的地方。我们没有理由相信在这么久远的过去，就形成了组成星系的恒星，实际上，如果认为在 140 亿年前，宇宙中所有的质量都集中在同一个地方，我们就会期望，它与目前我们看到的“大部分为空洞”的宇宙会完全不一样。

这个所有星系都集中在同一个地方的非常致密的状态称为“大爆炸”（the big bang），因此，1/H 就是从大爆炸以来所经过的时间。也就是说，1/H 代表的是宇宙的年龄。正如我们所说过的，这是个粗略的估算值，因为其中隐含了一个没有依据的假设，即假设了早期的宇宙和现在的宇宙的膨胀速度相同。如果早期宇宙膨胀得更快，那么，宇宙的年龄就要小于 1/H，然而，如果早期宇宙膨胀得要慢，那么，宇宙的年龄就要大于 1/H。在下一章中，我们将讨论如何对宇宙的年龄进行更好的估算。

气体膨胀时温度会降低。如果宇宙持续膨胀了 100 多亿年，那么，它的降温也持续了 100 多亿年。早期宇宙一定比现在宇宙的温度要高得多，密度也要大得多。宇宙从温度和密度都非常高的状态开始，迅速向各个方向膨胀。换句话说，我们看到的宇宙，与一个巨大的爆炸产生的后果很类似——“大爆炸”。顺便提一句，“大爆炸”这个名词，是在 20 世纪 40 年代由弗雷德·霍伊尔（Fred Hoyle）爵士创造的。霍伊尔是大爆炸理论的反对者，创造这个词是为了嘲笑与他争论的人，主要是针对乔治·伽莫夫（George Gamow）。伽莫夫是宇宙的爆炸性起源观点的主要支持者。

然而，用爆炸来类比可能会带来误导。普通的爆炸发生在特定的地点，然后爆炸物从爆炸点向外扩张。因此，人们很自然就要问：“如果宇宙在膨胀，那么，宇宙因膨胀而进入其中的‘外部’又是什么呢?”宇宙不需要任何所谓的“外部”。整个宇宙都在膨胀（就天体之间的距离在持续增加而言），并不需要任何经膨胀而进入其中的“外部”。

这听起来可能很奇怪，但可以通过简单的类比来理解。用笔在一个没有充气的气球上画很多圆点。此时，这些圆点相互之间距离很近。现在将这个气体充气至最大，然后再看看圆点之间的相互关系。这些圆点相互之间都分离开来了，就像大爆炸以来星系之间互相远离一样。在这个类比中，气球代表空间，圆点代表星系。不仅仅是星系在运动，空间本身也在变大。

但直接的抱怨还是存在的，“嘿，我是在外面给气球吹气，而且我就在这个空间里。气球正是在我所在的空间里膨胀的。”先不去管类比的这部分差异，因为这里不需要什么真正的外部空间，来让气球充气并进入其中。这就属于那类在“数学上很简单，但很难清楚地表达出来”的情况，因为数学有时候会与人们对“什么是有意义的”理解有冲突。对空间和空间中的物体的直观感觉，人们的常识认为：任何事物都以某种方式存在于某个巨大的、包含了一切的、不变的容器中。在日常思考中，这个观点会让人觉得很舒服，但它会产生这样一个观点，即当一个物体（或空间）在没有被某个空间围绕的情况下，就可以发生形变、膨胀或收缩，那么，它的这些变化会令人深感不适。

我们可以介绍各种不同的观点和图像，使人们能更容易地接受这类概念，并且将在后面介绍其中一个观点。但我们将从一个在科学中以及科学以外都很有用的普遍原理开始，这个原理在600多年前首先由奥卡姆的威廉（William of Occam）阐明，叫做“奥卡姆剃刀”（Occam’s razor，这有些不公平，因为奥卡姆是个地名——应该叫做“威廉剃刀”更合适）。奥卡姆剃刀常常被表达为：“在任何情况下，最简单的解释可能就是正确的解释。”这并不是真正的奥卡姆剃刀，也是不正确的。真正的原理是“不要创造出理论上不必要的物体。使用不需要额外的物或人的解释。”

让我们以“圣诞礼物来自哪里”为例。知道奥卡姆剃刀的孩子可能会这样解释：“我的父母逛了很多的商店，买回来了盒子和袋子，或者他们用电话、电脑下订单，然后就有包裹送来了。看起来好像是父母得到了礼物。”不知道奥卡姆剃刀的孩子们更可能接受那个令人舒服的解释：圣诞老人偷偷从烟囱上滑下来，将礼物挂在树上，然后偷偷回到屋顶，并乘坐会飞的驯鹿飞向北极，而在北极有很多小精灵会准备来年的玩具。虽然不那么色彩鲜明，但很多东西有很实际的、简单得多的解释。

这实际上表明了奥卡姆剃刀和其他解释之间的紧张关系。奥卡姆剃刀只涉及必要的实体。必要性不同于舒适的东西或好的故事。换句话说，正因为我们对某个不太令人满意的观点感到不舒服，从而会使我们增加更多能让我们感到舒服的观点。我们需要学会接受这种让我们感到不舒服的观点，只要它比那些让我们感到舒服的观点更能与事实相符。

在“膨胀的宇宙”的例子中，以及就“我们所在的空间经膨胀而进入其中的空间”的可能性而言，只有我们的宇宙中某些现象表明，我们所在的空间之外的那个假设的空间有可能存在时(比如，物体的突然出现或消失，就好像这些物体是从别处经过我们所在的空间)，我们才会去寻找它。但没有此类现象使理论上建立这样的空间成为必要。

宇宙膨胀并不直接表明在我们所在的空间周围有多维空间的存在——多维空间只是数学和科幻小说中的概念。可能有多维空间，但我们没有理由将它纳入我们的理论中。膨胀的宇宙是个整体，恰恰是我们自己需要改变想法去接受它。这好像很公平——相比物理定律而言，我们更能适应自己的想法。学习和思考能改变观点，引力就是如此。宇宙自身的规律很美妙、很和谐，它并不需要按照我们所希望的方式进行。

如果还需要让人们感到舒服，我们将为膨胀的宇宙中的物质提供以下“不自在的舒适”。首先，请记住我们观测到的不是整个宇宙，而是在我们过去光锥之内的部分宇宙，即可观测的宇宙。读者可能注意到，我们能看到的最遥远的距离，就是从大爆炸到现在这段时间，光所运动过的距离。因此，读者就会接受“我们无法得知可观测的宇宙之外在发生着什么”的观点，但无论如何，“不管有没有什么东西能让可观测的宇宙经膨胀而进入其中，可观测的宇宙正在膨胀”是观测事实。换句话说，可能存在某些外部空间，但我们无法探测到，因此就没有必要担心了。

大爆炸告诉我们，早期宇宙与现在的宇宙非常不一样，没有散布着的星系，所有的质量都集中在一个地方。无可避免地，我们想要知道这是个什么状态。我们已经知道，它的温度很高。我们还知道，温度高的物体会发光，因此早期宇宙除了包含质量，还有光。那后来这些光发生了什么呢？它们仍然在宇宙中穿行，但随着宇宙的膨胀，它们的温度降低了。这听起来可能很怪异——光的温度怎么会降低呢？实际上，温度表示的是系统中粒子的平均能量（某个物体的温度，指这个物体的原子的平均动能）。就光而言，温度就是光子的平均动能。能量高的光子，温度就高；能量低的光子，温度也就低。当光的温度降低时，它就会红移至较低能谱（请回想，光的能量决定了它的颜色）。目前，这些光的温度大约为2.7开尔文，仅稍微高于绝对零度，为微波。因此，大爆炸的余晖就是无处不在的宇宙微波背景辐射(cosmic microwave background，CMB)。

CMB在1965年被阿诺·彭其亚斯（Arno Penzias）和罗伯特·威尔孙（Robert Wilson）偶然发现。当时，他们正在对一架射电天线进行试验，发现其中有个很神秘的微波“噪声”源。这个噪声看起来并非来自某个特定的方向，而且无论用什么方法，都无法去除这个噪声。最后，他们才意识到这并不是设备的问题，而是宇宙的重要组成部分。

偶然的发现——这我们已经在介绍脉冲星中遇到过了——可能看起来很奇怪。因为我们都习惯于认为科学是目标明确的、合理的、有条理的研究活动，无论是理论指导实践还是实践上升为理论，都很严谨。但从探测世界和探测工具的本性的角度来看，这一点也不奇怪。我们为了特定的目标而建造工具，但工具本身与我们的目标是完全不同的。它们按照它们应有的方式，而不是我们希望的方式工作。一个简单的例子就是刀。人们制造刀可能是为了切菜，但有些人可能更聪明，想到用刀砍木头或者刺人。刀本身不在乎，也不会拒绝作为有悖于它本来的目的工具而使用。对探测设备而言，同样如此。就好像我们将放大镜叫做放大镜，不是因为我们能用它来生火，或者将它与另一个透镜组合起来，以让别的物体看起来更小。与此相似，我们可能会说，我们是想要接收来自某个卫星的微波信号，这也正是当时彭其亚斯和威尔孙所做的。微波只是微波，我们可能发现其他所有的微波源，因此，偶然发现了CMB。

从这个角度来说，CMB一直在宇宙中，等待被科学家用灵敏度足够好的探测器在合适的微波波段发现。因为我们会制造更多更好的探测工具，因此也就能探测到越来越多的对象。有读者可能会说，探测世界的本身一直在膨胀。或者，可以说，天文学家是“打开一扇新窗口”的终极追随者。

从彭其亚斯和威尔孙发现 CMB 以来，天文学家已经在多个不同的微波波段对天空中所有方向上的 CMB 以非常高的精度做了很详细的测量。这些测量中发现的两个不寻常的特征非常引人注目。第一个特征是，尽管 100 多亿年以来 CMB 没有与宇宙中的任何其他物体发生相互作用，它的谱与一个温度为 2.7 开尔文的物体发出的辐射谱几乎相同。第二个特征是，无论朝天空中的哪个方向观测，CMB 的温度都几乎相同，都是大约 2.7 开尔文。这两个特征说明，CMB 最后与物质发生相互作用时，这些物质的温度几乎是精确相等，并且所有区域的物质密度也都几乎精确相等，因此，那时的光也一样。这与目前大部分为空洞的宇宙非常不同。那么，宇宙是如何演化到现在的样子的呢？

对 CMB 的测量是由很多人用多个不同的实验进行的。然而，其中有两个实验项目非常杰出：COBE 和 WMAP。COBE 是 COsmic Background Explorer（宇宙背景辐射探测器）的简称。COBE 卫星是 1989 年发射的，是第一个用于测量 CMB 的温度不均匀性的实验项目，它发现了天空中不同方向上 CMB 温度的极其微小的差异。这些极其微小的温度差异非常重要，因为，如果宇宙开始时是完全均匀的，那么，宇宙将会永远保持均匀，也就不会有恒星、星系、行星，更不可能有生命。然而，大爆炸时期的这种极其微小的不均匀性，在宇宙演化过程中，在引力的影响下增长，最终形成了我们现在看到的恒星、星系等天体系统。

WMAP 原名为 MAP，是 Microwave Anisotropy Probe（微波各向异性探测器）的缩写。此处，“各向异性”是个天文学术语，意思是，从天空中不同的方向上看，会发现温度有极其细微的差别。MAP 卫星是 2001 年发射升空的。MAP 项目的领导者之一，美国天文学家大卫·威尔金森（David Wilkinson）花费了毕生精力研究 CMB。1965 年，威尔金森正致力于一个由罗伯特·迪克（Robert Dicke）领导的项目，这个项目就是要寻找大爆炸理论所预言的，并且被彭其亚斯和威尔孙偶然发现的微波辐射。2002 年，威尔金森去世时，他的同事在 MAP 前面加上了 W（代表 Wilkinson）。WMAP 对 CMB 进行了前所未有的精确测量，开辟了“精确宇宙学”的新时代。现在，我们就可以对宇宙的年龄和宇宙中包含的物质总量给出比较准确的值。

宇宙的早期历史，实际上是大量高温光子与气体的膨胀及冷却历史。随着宇宙温度的降低，以前无法进行的许多过程变得可能。因为宇宙温度太高时，很多后来存在的物质在当时高温的早期宇宙中是无法存在的。

在前面的一些章节中，我们已经介绍了，在温度非常高的情形下，为什么某些物质（比如单个原子）是无法存在的。宇宙最初几分钟伴随着非常迅速的降温，这也使得在不同的温度时出现了很多不同种类的物质。我们希望将注意力集中在一个特殊的时期，即大爆炸后大约 3 分钟，此时，形成原子核的过程是可能的。这小段历史将让我们以“迂回”的方式排除一些暗物质的候选者。（好吧，这离题有点远了，但用几页来概述 140 亿年的历史也不坏。）

物质由原子核和电子组成，原子核由质子和中子构成。提出问题“总共有多少物质?”的一种方式是问“总共有多少质子和中子?”为了避免一次又一次地频繁使用繁琐的“质子和中子”这个短语，我们将再一次采用粒子物理学中的标准用法，将质子和中子统称为“核子”。

因此，我们将会用另一个有趣的方式，即使用希腊字母 η 代表核子数与光子数之比，问“总共有多少核子?”也就是对宇宙中核子和光子的总数进行计数，然后将两者相比，就得到了 η。对宇宙中某类物体中的每个核子进行计数，这听起来可能是个很荒谬的想法，但我们有巧妙的方法。只要测量 CMB 的量，我们就知道有多少光子（因为所有的光子都是 CMB 光子），因此，如果以某种其他的办法得到了 η 的值，我们就知道有多少核子。从核合成（即形成原子核）到现在，η 的值几乎没有变化。这是因为从核合成以来，没有新的核子形成，相对而言，也只有很少量的新光子形成。因此，如果我们能得到核合成时期的 η 值，我们就能得到现在含有的物质总量（或者，至少得到了由质子和中子组成的物质总量）。

请回想一下，太阳的大部分物质层中温度都太高，使得原子无法存在。其中的任何原子，都会因为温度太高而高速碰撞失去电子。相似地，在足够久远的过去，宇宙的温度非常高，原子核都无法形成，任何原子核都将由于与其他粒子之间高速碰撞而分裂为质子和中子。因此，此时的宇宙主要由质子、中子和光子、电子、正电子、中微子以及反中微子组成。

乍一看，其中含有中子，这似乎让人很惊讶，因为在前面的章节中我们说过，自由中子会衰变为质子，并放出电子和反中微子。然而，自由中子的半衰期（即有一半中子发生衰变的时间）

大约为 10 分钟，而宇宙温度降得足够低而使得质子和中子结合成氘的时间，大约为大爆炸后 3 分钟。因此，宇宙有足够的时间“囚禁”部分中子。

从早期宇宙的演化出发，我们能计算出，开始时质子和中子数相等，但 3 分钟后，平均每 7 个质子中只有 1 个中子。其中部分原因是中子衰变，更主要的原因则是包括中微子和电子在内的某些反应过程，例如，1 个中子和 1 个中微子反应，生成 1 个质子和 1 个电子。这类弱相互作用反应在原子核形成之前就极大地减少了中子的数目。一旦温度降到足够低，使得氘能形成时，几乎所有剩余的中子都会和质子结合，形成氘。这些氘最终将形成氦，因为尽管此时宇宙比刚诞生时的温度要低，但仍然高到足以发生核聚变反应。

在核合成时期，中子数与质子数之比大约为 1∶7，这意味着，每 8 个核子中有 1 个中子。因为 1 个中子和 1 个质子结合，形成氘，这导致 1/4 的核子（8 个核子中的 1 个质子和 1 个中子）被包含在氘中。因为氘最终会成为氦，这意味着 1/4 的核子被包含在氦中。因此，大爆炸后几分钟内，宇宙中原子核的质量组成为：大约 3/4 的氢（即没有找到中子结合的质子），1/4 的氦（所有结合在一起的核子）。这些计算只依赖于一些探测到的反应过程，这些反应在合适的条件下现在仍然能发生。换句话说，我们不需要假设任何比大爆炸本身还奇怪的物体，就能得到这些结论。

令人惊讶的是，100 多亿年后宇宙的组成并没有很大不同，仍然是大约 3/4 氢和 1/4 氦，不过有大约 1%的重元素。也就是说，100 多亿年来，恒星内部的核合成对宇宙中原子核构成的影响，还不如大爆炸后 3 分钟内核合成的影响大。

尽管大部分氘最后变成了氦，但并非全部。大爆炸中产生的氘中，有很少一部分保留了下来。此外，还残留下了少量的氦 3（氦的同位素，由 2 个质子和 1 个中子构成）和另一类元素锂 7。锂 7 由 3 个质子和 4 个中子构成。

宇宙最初几分钟后，大部分核子在氦 4（通常说的氦）中，很少一部分核子在锂 7 中，部分核子在氦 3 和氘中。下一个问题有点奇怪，因为不是为了得到该问题的答案而问的，而是为了回答另一个问题。我们（从数学角度出发）问：宇宙中氘、氦 3 和锂 7 的质量分数是多少？可以肯定，这依赖于 η 的值。在大爆炸核合成时期，光子比核子要多得多，因此 η 是个非常小的量，大约为 20 亿分之 1。这意味着每 20 亿个光子中只有 1 个核子。因此，当时的宇宙是由光（辐射）而不是核子（物质）主导。

η 值越大，核子数就越多，原子核也就越多，这就表示核反应也更容易发生，可能完成的核反应过程也就更多。氘和氦 3 是合成氦 4 的过程中得到的中间产物，因此，η 值越大就意味着氘和氦 3 越少。这听起来可能很奇怪，但如果我们将氘和氦 3 看做是氦 4 的“组成材料”，将 η 看做是衡量合成氦 4 过程的可能性的量（因为组成材料越丰富，相互之间发生碰撞并结合的可能性就越大），那么，η 值越大，就说明合成了更多的氦 4，因此氘和氦 3 就越少。η 与锂 7 之间的关系要复杂很多，但仍然是可预测的。因此，如果知道了在大爆炸核合成时期的 η 值，我们就能计算出宇宙中氘、氦 3 和锂 7 的丰度。反而言之，如果通过天文观测得到了这些物质的丰度值，那么，我们也就能计算出 η 的值。

这种比较方法非常巧妙，因为恒星和大爆炸都是通过核合成产生元素，所以大爆炸后的过程会影响这些元素的总量。为了分清楚这两种效应，需要将观测和理论结合起来。就观测而言，我们需要观测某些特殊区域，这些区域中的物质没有经历过在恒星中发生的核反应过程，因而这些区域的物质组成比恒星附近区域更接近大爆炸后不久时的物质组成。相关的方法包括观测陨星中的元素丰度，以及检测原子对光的吸收来观测星际介质（恒星之间极其稀薄的气体和尘埃）中的原子组成。就理论而言，我们需要考虑恒星中核合成的总数，并进行仔细计算。例如，任何大爆炸中生成的氘，在进一步经历了恒星中的核合成之后，通常会变成氦 3。这个过程会改变氘的总量和氦 3 的总量，而不是氘与氦 3 之和的总量。如果关心的不是单个元素的值，而是两者之和，我们就能部分地忽略恒星的核合成过程。将理论和观测结合就能让我们得到大爆炸核合成时的 η 值，该值与目前的 η 值相同。因此，也就能得到目前的物质总量。

所有这些听起来很复杂，也确实如此，但目的却很简单。η 是核子数与光子数之比。我们想要得到核子的数量，就要先得到光子的数量（可以通过 CMB 得到）和 η 的值（这就是其中复杂之处，既要观测元素丰度又要用到元素的合成理论），这样就能得到核子的数量，也就是物质的总量。

我们真正得到的是由质子和中子（还有电子）构成的物质的总量。宇宙学家将这类物质称作“重子物质”（重子是包含了质子和中子在内的一类物质的总称）。我们所有的“嫌疑犯”——包括中子星和黑洞，因为它们也是由重子物质塌缩形成的——都属于重子物质。我们知道了总共有多少重子物质，再通过引力效应，就可以得到宇宙中的物质总量。将这两个量进行比较后，会得到一个很惊人的结果。

宇宙中的物质总量大约为重子物质的 7 倍。这是我们这个时代中最令人震惊，也最奇怪的科学发现之一。这排除了宇宙中所有普通物质成为暗物质的“嫌疑”。暗物质是某类我们完全不熟悉的物质。

可能有人会反对：“嘿，等等，那中微子呢？中微子很多，它们不是重子物质。除此之外，中微子也很难探测。对我来说，它们有点像暗物质。将中微子考虑在内，看看它们是否具备暗物质的特征吧。”

对大爆炸过程进行的计算表明，宇宙中除了有 CMB 光子外，还应该有温度稍微低于 CMB 的中微子背景辐射，背景辐射的中微子数目与 CMB 光子数目很接近。因为大约每 10 亿个光子中才有 1 个重子，所以我们认为大约每 10 亿个中微子中也只有 1 个重子。因此，即使中微子的质量只有质子质量的大约 100 亿分之 1，数量巨大的中微子的总质量仍将会是普通物质总质量的 10 倍。所以，中微子可以被归入我们正在寻找的暗物质。

而且，中微子只通过引力和弱相互作用与其他物质发生作用。因为中微子背景辐射的温度非常低，所以它们的能量也就非常低。对弱力而言，粒子的能量越低，相互作用的概率也就越小（请记住，我们的中微子探测器探测到的是来自太阳的高能中微子。然而，中微子背景辐射的温度要低得多）。这意味着，我们只能通过中微子的质量产生的引力效应来得知中微子背景辐射的存在。

啊哈！中微子，我们“抓”住你了！我们“指控”你就是暗物质。

悲哀的是，中微子有“不在场的证据”，而且中微子“不在场的证据”还很充分。宇宙中的每个星系都能证明它们的“清白”。

★

我们在前面介绍过，早期的宇宙非常均匀，几乎每一点的密度都精确地相等。现在的宇宙则是不均匀的，大部分空间都是空的，普通物质都聚集在恒星、气体云、星系、星系团中。那么，宇宙是如何从当初的均匀状态演化在现在的物质聚集成团分布的状态呢？

答案是引力。尽管早期宇宙是高度均匀的，但并不是绝对均匀的。有些区域的密度比平均密度稍微高点，有些区域的密度比平均密度稍微低点。因为物质会施加引力，这意味着，密度稍高的区域对周围施加的引力会稍微强些，这会使这些区域吸引更多的物体。因此，随着时间的演进，那些密度稍微高于平均密度的区域，密度会变得越来越大，直到密度变得足够大，就会发生我们前面介绍过的引力塌缩。这些区域中密度最高的那些区域会形成我们今天看到的恒星、星系和星系团。相反地，在那些密度比平均密度稍低的区域，会失去越来越多的物质，最终成为“空洞”，即星际空间只包含了很少星系的巨大区域。

有很多非常精细、漂亮的计算机数值模拟来显示这个过程，但在本书中，我们将这种模拟留给读者来想象。想象一团气体云，有些区域厚（即密度高），有些区域薄（即密度低）。较厚的区域会聚集越来越多的物质。但在这些区域内部，也有相对较厚和较薄之分。气体会往最厚的区域聚集，直到聚集足够多的气体，在气体密度非常高的区域就会开始点燃核燃烧，接着，这些最厚的区域就不再是气体云了，而成了空空的空间中的恒星。恒星自身也在较厚的区域，即星系中聚集，而星系也在次厚的区域，即星系团中聚集，等等。有些人将这个过程形象地比作是牛奶在奶酪中凝结，因此，可能我们应该将银河系重新命名为“奶酪星系”。

目前的这些星系、星系团以及空洞等结构可以用望远镜观测到。最初的密度不均匀性的分布，可以通过观测天空中不同方向上 CMB 温度细微变化推测出来。通过对 CMB 的观测得到早期宇宙中密度不均匀性后，如果天文学家知道暗物质的性质，他们就能利用引力定律（和一个大型的超级计算机）得到组成目前宇宙的星系、星系团以及空洞等大尺度结构。

我们还不知道暗物质的性质，但这样的计算机模拟可以通过下面的方法进行：猜测暗物质的性质，然后用这些猜测的性质进行模拟。天文学家将这种猜测的性质和观测到的早期宇宙的密度不均匀性，输入计算机中去模拟宇宙的大尺度结构的形成（也就是，星系、星系团和空洞等结构的分布）。如果计算机模拟得到的结果与我们观测到的宇宙大尺度结构不相同，那么，模拟中所用到的暗物质模型，也就是猜测的暗物质的性质就会被排除。

请注意，这个过程是个反复的尝试和修改过程。提出一个想法，并计算其结果，然后将结果与观测结果进行比较。如果两者很不相同，那么，这个想法就要被舍弃，并提出新的想法；如果只有少许不同，那么，只需要对原来的想法进行些许修改，而不需要全部否定。通过这个过程，不但可以检验详细的暗物质模型，还可能检验暗物质的各个性质（包括质量、温度、速度、电荷，等等）对形成目前宇宙的贡献。

就宇宙大尺度结构的形成而言，反复的尝试表明，暗物质只有一个性质非常重要，即结构形成过程中某个特殊时期的暗物质粒子的速度。那个时候暗物质的运动速度相比光速而言要慢得多，这种暗物质被称为“冷暗物质”，而运动速度与光速可比拟的暗物质则被称为“热暗物质”。之所以用“热”和“冷”来表示，是因为对物体而言，温度越高，其内部粒子的运动速度就越大。中微子是热暗物质，中微子的微小质量确保了在宇宙大尺度结构形成的相关时期，中微子是高速运动的。

因为计算机模拟中唯一与宇宙大尺度结构形成有关的是，暗物质究竟是热的还是冷的，这意味着，计算机程序只需要运行两次，一次用热暗物质模型，一次用冷暗物质模型。然后将两次模拟的结果与观测到的宇宙大尺度结构进行比较。结果很明显，目前宇宙的大尺度结构是在冷暗物质模型中形成的。这样，就排除了所有的热暗物质模型。也就是说，中微子不可能成为暗物质。

现在，我们排除了所有的“嫌疑犯”。我们要尝试为我们的“罪犯”画幅综合素描图，然后看看能否在世界中找到它们，而不是将我们知道的“嫌疑犯”罗列出来。

暗物质是我们以前从来没有遇到过的，因此，暗物质肯定是某种我们不知道的外来粒子。宇宙中的大部分物质是我们完全陌生的东西，这好像让人很烦恼，但买个氦气球，就可能会给我们带来些鼓舞。并不是氦气球本身（尽管它颜色绚丽，飘浮在空中很漂亮）能鼓舞我们，而是现在我们有关氦的知识与100多年前我们对氦的一无所知这两种状态的差别给予了我们鼓舞。如今，氦是非常普遍的物质，几乎在每个孩子的生日聚会上都能看到。氦是所有化学元素中第二轻的，是我们理解化学的基本元素之一。氦也是宇宙中普通物质的重要组成，氦的质量大约占普通物质的 1/4。

但仅在几代人之前，氦还是天体物理学上的大谜团，就像是今天的暗物质一样。虽然氦元素谱线在太阳中被观测到了，但没有被其他方法观测到。科学上常常如此。昨天的谜团，今天就会变得非常普通。因此，我们有理由希望，今天的谜团，明天也会成为非常普通的事物。也许 100 年后，人们能在本地市场上买到暗物质——虽然我们无法想象买来能干什么用的，正如当年任何凝视着太阳光谱的人，都想象不到会有氦气球一样。

为什么你会想要像暗物质这样神秘的物质呢？这依赖于它是否有用。今天的人们可以购买到收音机、电视机、手机、GPS 定位器，等等。如果电、磁和光不是同一物体的不同方面，那么，就不会有这些东西的存在。而且，如果詹姆斯・克拉克・麦克斯韦（James Clerk Maxwell）没有弄明白电、磁和光这三种现象之间的相互联系，也没有将它们之间的相互联系表述为 4 个形式简单但内容深奥的方程（请见前言部分第 xvi 页的脚注），我们也就无法获得这些设备。人们几乎不可能提前预测，什么样的科学发现能最终成为走下科学的楼层，进入每个人家里，成为人们日常生活中常见的物体。

然而，这仍然没有回答“暗物质是什么”。目前，还没有人知道这个问题的答案。虽然如此，就目前对暗物质的了解程度，我们还是可以做适当的猜测。但也仅仅是个猜测，虽然是个比较好的猜测，但也很可能是错误的。

除了是热暗物质而非冷暗物质之外，中微子具有暗物质应该具有的所有特征。中微子具有热暗物质的性质与中微子极其微小的质量有关（中微子的质量很小，但能量很高，因此一开始就运动得非常快）。因此，合理的暗物质候选者，就其与物质相互作用而言，应该是与中微子类似的粒子，即与其他物质相互作用很弱。但就质量而言，又与中微子不同，它的质量要比较大，在关键时候的运动速度就比较慢。这是我们对未知“罪犯”的素描图。我们把它叫做某约翰（John Doe），但这听起来不太科学。或者，也可以用它的性质来命名，叫做“弱相互作用重粒子”（Weakly Interacting Massive Particle，WIMP）。（有些科学家很幽默，但他们好像在工作中用错了幽默，当然，不仅仅只有科学家会如此。）

请注意，我们现在是利用多种性质来创造新的假想粒子，我们是出于必要才这么做的。科学家假想了 WIMP 粒子，是因为他们已经用完了所有已知的实际存在的物质，但仍然无法解释暗物质。科学家赋予了新粒子很少的性质，即假设 WIMP 粒子与中微子类似，但它的质量比较大，因此在恰当的时候运动速度会很慢。这样，尽管增加了一种物质，但科学家仍然非常谨慎。科学家必须增加新粒子，因为他们的父母没有给他们买圣诞礼物，所以 WIMP 就成了圣诞老人了。

此时此刻，WIMP 粒子就是最有可能的暗物质候选者。接下来要做的，是要看看 WIMP 粒子是否真的存在，如果真的存在，就看它的数量是否足够多而足以成为暗物质。为了解决这个问题，科学家设计了各种不同的实验，去尝试寻找 WIMP 粒子。因为 WIMP 粒子与中微子相似，我们可能就会猜测，其探测方法也可能与前面介绍的中微子探测器中使用的方法类似。这确实是正确的。因为太阳系在银河系中自己的轨道上运动，地球可能就在

WIMP 粒子的海洋中运动（如果 WIMP 粒子理论是正确的）。然而，每个 WIMP 粒子与其他物体的相互作用如此的弱，使得它们与特定的原子发生碰撞的概率非常低。与中微子探测器一样，WIMP 粒子探测器也必须具备体积巨大、灵敏度高以及与隔绝性好三个特征。

当 WIMP 粒子与某个原子核发生碰撞时，原子核会被反弹开去，这与人们接到一个很重的健身球之后会往后退一样。这个原子核会与探测器中的其他多个原子发生碰撞。与探测器中的物质有关，碰撞可能使其他原子失去电子，这个过程叫做“电离”。如果探测器由叫做“闪烁器”（scintillator）的物体构成，那么，核与原子的碰撞会产生微弱的闪光。此外，被反弹的原子核与其他原子之间的碰撞的能量会使探测器的温度有微小升高。具体的探测方法，即无论是通过探测极少量的电子数，还是探测极微弱的闪光，抑或是探测温度的微小升高，都与探测器的类型有关。

此类实验必须具备极其灵敏的探测器，这样才能探测到单个 WIMP 粒子携带的非常微小的能量。为了获得这样高的灵敏度，单个探测仪器非常小。然而，整个探测器是由数量众多的单个仪器组成，体积也就非常大。探测器还要与其他的物体隔绝，以免被其他信号误导。例如，将中微子探测器深埋于地下，以免受宇宙线的影响。一个叫做 DAMA（DArk MAtter）的实验，位于罗马附近的穿过格兰萨索山（Gran Sasso Mountain）的隧道里。另一个叫做 CDMS（低温暗物质搜寻，Cryogenic Dark Matter Search 的缩写），位于美国明尼苏达州苏丹（Soudan）的一个旧铁矿中。实验中何处能探测到微小的温度升高，就要看 WIMP 的温度。同时，探测器的温度必须事先冷却到只比绝对零度高一点点。可惜在撰写本书的时候，科学家们还没有探测到 WIMP。灵敏度更高，体积更大的探测器也还在建造当中。可能在接下来的几年内，就会探测到 WIMP，暗物质的神秘面纱也将会慢慢揭开。

但这些我们目前还无法得知。所以，在被探测到或者被排除以前，暗物质的本质将一直是三类世界（感知世界、理论世界和探测世界）中的研究热点之一。"罪犯"仍然"逍遥法外"。在此，我们就先结束这超长的"犯罪"笑话。

第 11 章　所有的解决方法

在搜寻暗物质的过程中，对于暗物质，我们只依赖于能轻易观测到的现象：引力。现在我们仍然会如此，因为引力不仅会影响星系和星系团的运动（好像这还不够），还会影响时空的形状、宇宙的膨胀。因此，可能有人会想到，利用引力定律和宇宙的膨胀来测量宇宙中的物质总量。由此，这个重要的问题："宇宙中总共有多少物质"可以这样来问："每种物质在宇宙中分别有多少，又是如何分布的"。在回答这个问题的过程中，物理学家陷入了比暗物质更神秘的物质中：暗能量。

我们需要对宇宙的膨胀进行一些测量，从而让我们能计算宇宙的密度（单位体积内的质量）。这会让我们知道宇宙中任何位置究竟有多少物质。很不幸，广义相对论并非如此简单。广义相对论不仅是引力理论，而且还是关于空间和时间的几何理论。换句话说，引力并不像牛顿想象的那么简单，因为引力不仅是物体之间相互影响的力，而且是构成空间和时间所必需的部分。

爱因斯坦的宇宙中，空间并不是像"两点之间最近的距离是连接两点的直线"所体现的平直空间，而是我们前面提到过的弯曲空间。它与橡皮薄板上的物体使橡皮薄板产生下凹时的情况有些类似。随着宇宙的膨胀，物体之间的位置和相对距离会发生变化，因此空间的弯曲也会发生变化。宇宙的形状随着它的演化而变化。

有两个方程能描述宇宙的膨胀①。一个方程将哈勃参数的平方与密度、空间的曲率联系在一起。“曲率”是个数学概念，表示某种数学对象（比如线、面等）在某点上的弯曲程度。我们所说的“空间的曲率”指的是空间的平均曲率，也就是总体上空间的弯曲程度，而不是某个位置上空间的弯曲程度。另一个方程将宇宙膨胀速度的变化（即宇宙膨胀的加速度）与密度、压力联系在一起。

当我们说一个方程将一个量与另一个量联系在一起时，意思是这些量都包含在这个方程当中，当某个量发生改变时，另外那个量也会跟着改变。让我们举两个例子。

• $E=mc^2$ 将能量和质量联系在一起。如果质量增加，能量也会增加。质量变为原来的两倍，能量也会变为原来的两倍。这被称作“线性关系”。

• $F=GMm/r^2$ 将引力与两个物体的质量和它们之间的距离联系在一起。如果两个物体的质量都增加，它们之间的引力也会

---

① 描述宇宙膨胀的方程就是弗里德曼（Friedmann）方程，即

$$\frac{R^2}{R^2}+\frac{k}{R^2}=\frac{8\pi G}{3}\rho$$

$$\frac{R}{R}=-\frac{4\pi G}{3}\ (\rho+3p)$$

其中，R 为宇宙的尺度因子，$R=dR/dt$，为尺度因子随时间的变化率，R为R随时间的变化率，即为宇宙膨胀的加速度，因此，R/R 就是哈勃参数，k 为空间的曲率，可以取-1，0 和 1 三个值，ρ 为密度，p 为压力。

增加；然而，如果它们之间的距离增加，引力就会减小。引力与质量之间为线性关系。质量加倍，引力也相应地加倍，但引力与距离成平方反比关系。如果距离变为原来的 2 倍，那么，引力将变为原来的 1/4。

让我们回到正在讨论的方程上。乍一看，压力成了引力的另一个来源，这好像很奇怪。在介绍恒星时，我们知道，压力总是抵抗引力的。然而，现在我们必须要更仔细、更谨慎了。海平面上的大气压大约为每平方英寸 14 磅（约每平方米 9842.5 公斤）。这就好像每平方英寸的面积上有 14 磅重的物体压在你身上。当考虑到人体表面积有多少平方英寸时，听起来就是个很大的数值了。为什么我们不会被这个压力压碎呢？原因在于，我们感受到的压力并不是绝对压力，而是压力差。人体内的压力与体外的压力相同，因此我们感觉不到压力差（除了飞机起飞和降落时两者的压力不是完全相等之外）。汽车轮胎能支撑住汽车，不是因为轮胎有大气压，而是因为轮胎内部气体的压力要比轮胎外部气体的压力大。

与此相似，恒星通过抵抗引力维持形状，不仅仅是因为它们有热压力，还因为越往恒星中心，热压力就会越大。因此，是压力差，而非压力维持着恒星的形状。然而，在广义相对论中，是压力而非压力差在起着一个引力来源的作用。这是广义相对论比牛顿引力理论更复杂的一个方面，因为牛顿引力理论中只有物质的密度是引力之源。在太阳系的弱引力场和低速运动条件下，压力的引力效应比密度的引力效应要弱得多，但对于宇宙的整体膨胀而言，情况就不是这样了。

我们的目的是计算宇宙的密度，但描写宇宙膨胀的这两个方程都无法完全满足我们的需要。如果我们测量出哈勃参数，然后计算出哈勃参数的平方值，这个值也就是联合密度和空间曲率得到的值（请见第 208 页脚注①中的第一个方程）。然而，我们如何能知道哪部分是密度的贡献，哪部分是空间曲率的贡献呢？为了弄清楚这个问题，我们必须将这两个量分离。

分离这两个量的过程非常巧妙。数学上，要将方程中的某个量分离开来，通常是找到其他的方法来测量这个量。以公式 $F=GMm/r^2$ 为例。我们想要弄清楚某个物体所受的力，有多少来自施加在这个物体上的另一个物质的质量的贡献，有多少来自它们之间距离的贡献，就需要独立测量出其中一个或者多个量的值。比如，我们可以利用视差法得到这两个物体之间的距离，然后利用这个公式计算来自质量的贡献。

我们也可以将联系密度和曲率的方程进行分离——或者至少将我们未知的量分离——通过找到对给定哈勃参数而言，如果空间是平直的（也就是，空间不是弯曲的），宇宙的密度会是多少。这个密度就叫做“临界密度”。我们可以定义一个量来表示宇宙的实际密度与临界密度之比，用希腊字母 Ω 表示。换句话说，为了分离密度和曲率各自的贡献，我们需要弄明白曲率为 0 时，密度应该是多少，然后用 Ω 表示实际密度与临界密度之比。因此，Ω 实际上代表了对曲率的测量。如果空间曲率为 0，那么，实际密度就等于临界密度，因此，Ω 就等于 1。

一旦知道了哈勃参数的值，宇宙中的物质总量这个问题就转变成了“Ω 的值是多少”。对星系团的观测表明，星系团中包含了普通物质和暗物质在内的 Ω 值为 0.3。读者可能会猜测，整个宇宙的 Ω 值也应该为大约 0.3，进而推测，宇宙的空间曲率非常大。然而，一种称为“暴胀”的宇宙学理论指出，Ω 应该等于 1。暴胀理论还预言了 CMB 的温度涨落的性质。这个预言已经被天文学家对 CMB 的精确观测所证实。读者可能会将此看做是对暴胀理论的证实（或者至少是很强的证据），并认为 Ω 应该等于 1。如果 Ω 等于 1，那么，绝大部分物质将是均匀地分布在宇宙中的，而不是成团成块。如果的确如此，那么，大量物质就不是位于星系团中。

最近，对构成宇宙大尺度结构的星系、星系团和空洞的详细观测以及对 CMB 极其精确的观测，的确在很大程度上支持 Ω 等于 1 的观点，即宇宙中很大一部分质量是“未成团的”。这就说明，不仅仅是星系中的暗物质，星系之间还有其他物质，从而让空间变得相对较平坦。

因此，在通过间接方法得到密度的过程中，我们被引向了另一个矛盾，即我们在一种情况下所观测到的结果（星系团中 $\Omega=0.3$）与我们从具有独立证据的理论推断的结果（$\Omega=1$）之间的矛盾。我们被迫得到了“还存在另一种能解释这些相互矛盾的结果的未知的物体”的结论。

我们可能希望用前面提到过的另一个描述宇宙膨胀的方程（请见第 208 页中脚注①中的第二个方程）来理解。但在分析这个方程时，你会发现一个很奇怪的现象。这个方程将宇宙膨胀速度的变化与密度、压力联系在一起。首先，这个方程好像与前面的第一个方程一样困难，困难之处在于对其中物理量的分离。如果我们测量到了宇宙膨胀速度的变化，那么，我们又如何得知哪些是由密度引起的，哪些是由压力引起的呢？

幸运的是，对分子运动速度比光速慢得多的气体而言，方程中压力的贡献是可以忽略的——这对普通物质和星系团中的暗物质都适用。宇宙学家很自然地就会假设压力可以忽略，而如果简单地认为压力为0，那么，对宇宙膨胀速度的变化率进行测量，就会得到密度值。

读者可能会问，为什么宇宙膨胀速度的变化率与密度有关。这从竖直上抛的棒球的运动中可以看出来。引力会使棒球减速，因此，棒球抛出1秒钟后的速度比抛出0.5秒钟后的速度要慢。棒球因为受到地球引力而减速。与此相似，我们认为天体之间的引力会使宇宙膨胀的速度减慢，因此，宇宙后来的膨胀速度要比以前的膨胀速度慢。也就是说，我们认为宇宙是在减速膨胀，而且密度越高，减速越快（因为物质更多，减速更快）。

我们测量这种减速的方法本质上与测量哈勃参数的方法相同，即测量离我们非常遥远的天体的距离和速度，然后绘制速度—距离图。请回想一下，离我们越远的天体，其发出的光达到我们所需要的时间就越长，因此，也就是在时间上，我们看见的是更久远的过去。我们看见的这些遥远的天体，处在以不同的速度发生膨胀的宇宙早期。我们绘制出这些天体的速度—距离图，因为距离上越远，时间上也越古老，所以，当我们从现在往宇宙深处看去，看见的天体就是以不同的速度相互分离。利用速度—距离图进行简单的计算，就能得到宇宙膨胀速度的变化率。宇宙学家期望能利用距离—速度图的形状测量宇宙膨胀的减速，再利用前面讨论的方程，应该就可能计算出宇宙的密度。

1998年，两个大型的国际天文学家合作研究组进行了此类测量：高红移超新星搜寻组（High-z Supernova Search Team）和超新星宇宙学项目（Supernova Cosmology Project）。在介绍观测结果之前，先来看看这些测量是如何进行的（你知道的，我们一直在问“他们是如何得到的”这个问题）。速度同样是通过多普勒效应测量得到的，但如何测量距离呢？目前为止，我们只详细介绍了用视差法对 AU 和邻近恒星距离的测量。但我们需要测量比视差法所能测量的距离要远得多的距离。

较大的距离可以通过所谓的运动星团法进行测量。这种方法利用了透视画（将三维世界呈现在二维画布上）的一个性质，叫做“灭点”（vanishing point，又称作消失点、隐没点等）。三维世界中，平行线之间永远不会相交，但艺术家在画布上绘制平行线的图形时，会在画布上设置一个位置，平行线在这个位置上会相交，这个位置就叫做灭点。不论你观察任何一幅画有通向远方的道路的画，都会发现，路的两条边将在灭点处相交。当然，如果你真的沿着这条路走下去，路的两条边是不会相交的。

很多恒星通常聚集成团，形成星团。星团由成员星的引力束缚在一起。整个星团的成员星都朝着相同的方向运动，因此，从天空这块大“画布”上看来，星团中的成员星都在朝着灭点运动。在两个不同的时刻对同一个星团拍照，然后将每颗星在这两个不同的时刻的位置连接起来，并将这些连线延长，它们的交点就是灭点所在（对于那些喜欢画星图的艺术家而言，这太容易了）。通过观测，我们可以得到星团的角直径（即星团看起来有多大）大小以及成员星朝灭点运动的速度大小。但与所有的透视图一样，我们无法得到其实际大小。（某个物体在透视图中的大小，与距离和大小为均为该物体两倍且形状相同的另一物体在透视图中的大小是一样的。）要得到星团的实际大小，还需要用多普勒效应测量星团的运动速度。利用这些观测和简单的计算，我们就可以得到星团的实际大小和距离。

我们还有别的方法来测量距离，这种方法与距离以及另外两个量，即所谓的亮度和光度有关。“亮度”是指某个物体看起来有多亮，而“光度”是指实际上有多亮。例如，1个100瓦的电灯，无论距离我们1英尺（约0.305米）还是1000英尺（约305米），它的光度都是相同的。然而，距离为1英尺的电灯，亮度要高得多，距离越近，就越亮；距离越远，就越暗。

就我们的目的而言，重要的有两点：(a) 如果知道了这三个量中的任何两个——距离、亮度和光度——我们就能计算出第3个量；(b) 望远镜是测量天体亮度的仪器（因为它们记录下的是天体的亮度）。因此，对于我们从望远镜中看到的任何天体，如果知道了其距离，就能得到它的光度。或者，如果我们知道了它的光度，也就能计算出它的距离。这两个方法让天文学家发现了所谓的“标准烛光”。利用标准烛光，天文学家可以测量出很远的距离。

方法如下：首先，天文学家对那些利用视差法或者运动星团法测量到了距离的恒星进行仔细检查。利用距离和用望远镜测量到的视光度，就能得到这些恒星的光度。然后，天文学家从这些恒星中找到那些具有如下特点的恒星：(a) 非常亮；(b) 具有与光度有关的其他一些特征，利用这些特征，就可以认证出与这类恒星类似的其他恒星。第一个特征是为了保证，即使这类天体的距离非常遥远，也能够从望远镜中观测到它们。第二个特征是为了保证，当同类的恒星在更遥远的距离上被观测到时，就能得到它们的光度，进而（利用望远镜测量到的亮度）也就能计算出它们的距离。

需要对第二点进行适当的解释。请记住，类型相同（相同的质量、年龄，等等）的两颗恒星基本上具有相同的光度，因为它们几乎是以相同的速率燃烧相同的核燃料。如果我们能确认出某颗星与另一颗星基本相同，我们就能认定它们的光度相同。然后再结合这颗星的亮度，就能计算出它离我们的距离。

哈勃用来得到星系距离的标准烛光是变星。请回想一下，变星的亮度不稳定，而是周期性地变亮和变暗。变星有时非常亮，而且变星的光变周期（两个连续的变亮之间的时间间隔）与光度相关。这意味着，对在另一星系中发现的变星而言，利用望远镜就可以测量出这颗变星的光变周期和亮度，因而也就能计算出变星的距离，也就是计算出这颗变星所在的星系与我们的距离。

一旦知道了某星系的距离，也就知道了该星系中任何天体的距离。如果该星系中的某类天体——或者甚至是星系本身——都是比变星更亮、更好的标准烛光，那么，就可以利用这个更亮的标准烛光去测量更远的距离。这种利用更亮的标准烛光测量更远的距离的接力式方法，叫做“宇宙距离尺度”。

目前，最重要的标准烛光是 Ia 型超新星。Ia 型超新星与我们前面介绍过的超新星不同。前面介绍的是 II 型超新星，II 型超新星爆发后会形成中子星或者黑洞。这种难懂的标记法及其带来的困惑来自于探测世界。请回想一下，探测世界中的术语，常常与“它们是什么”无关，而与“它们看起来是什么”有关。正如我们在介绍中子星和脉冲星时看见过的，探测世界中使用的术语会让人产生困惑。因为有些实际上是相同的物体，只是由于有不同的观测表现而具有不同的名称。与此对应，探测世界中的术语，可能会由于有些实际上是完全不同的物体，只是因为观测表现上相同或者很相似而具有相同或者相似的名称，从而使人产生更大的困惑。

一个很好的例子就是，人们在研究昆虫世界时对昆虫的分类过程。刚开始时，人们通常用比较粗略的词来描述某一大类物体，比如“讨厌的爬行类昆虫”。但经过一定的研究之后，人们可能就会注意到，有些“讨厌的爬行类昆虫”有腿，而有些没有腿。因此，就会将“讨厌的爬行类昆虫”进一步分类为“虫子”和“蠕虫”。有些虫子有 6 条腿（昆虫），有些虫子有 8 条腿（蜘蛛/蛛形纲动物）。到这里，有人可能就带着满足感而退休，有人可能就进入到了昆虫学的研究中。

让我们从虫子的话题回到恒星。超新星是恒星的爆发过程。超新星（supernova）这个名词，部分来自于“新”（new）字的拉丁语。这是因为正常情况下很暗而无法容易观测到的恒星，会因为爆发而迅速增加亮度，变得很容易观测到，就好像是在以前看不到恒星的地方，突然出现了一颗“新”恒星。其实，这颗恒星并不是新诞生的，而只是突然变得很亮而被我们看见的。通过光谱测量，观测天文学家能区别不同类型的恒星爆炸，因为爆发的恒星会有不同的化学组成。从光谱中是否有氢线，能将超新星爆发分为 I 型超新星和 II 型超新星。I 型超新星的光谱中没有氢线，II 型超新星的光谱中有氢线。再根据 I 型超新星光谱中的其他元素谱线的有无，可以将 I 型超新星进一步分为 Ia 型、Ib 型和 Ic 型。II 型超新星爆发是由前身星的铁核的引力塌缩引起的。因为恒星的包层中含有大量的氢，所以，II 型超新星的光谱中有氢线。

那么，Ia 型超新星必定是某类不含有氢的星体的爆发。会是什么样的星体呢？又为什么会爆发呢？观测表明，Ia 型超新星的前身星是位于双星系统中的白矮星。白矮星从伴星中吸积物质，吸积会使白矮星的总质量接近钱德拉塞卡极限（大约 1.4 个太阳质量）。白矮星主要由碳和氧组成，当质量达到钱德拉塞卡极限时，引力就会引发塌缩。塌缩将白矮星的物质加热到足以导致在中心附近点燃并进行完全的核燃烧。这种核燃烧是不稳定的，会在瞬间将整个星体炸光。正常的恒星很大，是缓慢燃烧的核反应堆，而 Ia 型超新星则是个巨大的核弹，释放的能量比恒星一生中平均释放的能量还要多。

因此，Ia 型超新星必然满足标准烛光的第一个标准：非常亮，所以能在非常遥远的距离上被观测到。此外，它也满足第二个标准：所有的 Ia 型超新星的光度几乎相同。原因就在于，任何 Ia 型超新星都是质量处在钱德拉塞卡极限时发生的爆发。更简化一些，所有的 Ia 型超新星都相同，因为它们实际上都是起源于具有相同物质、相同质量的同类星体的爆发，因此也就具有几乎相同的亮度。之所以是亮度“几乎”相同，是因为 Ia 型超新星之间稍微有些区别，这也使得它们的光度稍微有些不同。即便如此，天文学家依然能观测到足够多的爆发中与这种亮度差别有关的特征，也能成功解释这些特征。因此，通过对 Ia 型超新星的观测能得到其光度。由于它们非常亮，而且本质相同，Ia 型超新星成了理想的标准烛光。

第12章　暗能量、反引力和爱因斯坦的失误

由于有了如何测量目标天体的位置和速度的方法，并且满怀信心地期望测得宇宙的减速膨胀，这两个国际天文学家研究小组在1998年观测了很多遥远星系中的Ia型超新星，利用多普勒效应得到了它们的速度，并利用Ia型超新星作为标准烛光得到了它们的距离。由此，就可以绘制出天文学家想要的速度—距离图，并计算宇宙的膨胀（这也是天文学家最初的目标，但有时候往往需要利用别的方法达到目的）。更让天文学家震惊，也让其他所有人震惊的是，他们得到的结果为加速而非减速。也就是说，宇宙正在加速膨胀。

起初，这听起来并不是那么糟糕。毕竟，描述宇宙膨胀速度变化的方程既与密度有关，又与压力有关。对宇宙膨胀减速的预期，是建立在“压力很小，可以忽略”的观点上的。因此，宇宙中肯定存在某种实际的压力。然而，由正压力产生的引力，同样会导致减速。因此，存在某种具有很大负压的物质，是产生宇宙加速膨胀的唯一方法。此外，因为引力吸引导致的减速，只有存

在某类具有引力排斥的物质才能导致加速。无论是什么物质导致了宇宙的加速膨胀，它都要有很大的负压，从而才能产生引力排斥。

今天，反引力是科幻小说的主角。反引力物质的真相仍然未知，在 1998 年的超新星观测以前，没有理由相信反引力这类物体的存在。(顺便提一句，反引力“antigravity”的第一个术语为“levity”意为“欠考虑”，这个词已经不再使用，或者已经从科学转向了幽默。) 牛顿认为，每个物体因为具有质量而吸引其他物体，也就是认为，引力总是使物体之间相互吸引（这与电磁力不同，因为电荷相同者之间是相互排斥的)。因此，无论这种具有负压和反引力的物质是什么，它都是另一种我们以前从来没有遇到的物体。

物理学家并没有把这种物质也叫做暗物质，因为无论暗物质是什么，它的压力都是可以忽略的，因此也是引力吸引的。物理学家将这种物质称作“暗能量”。无论暗能量是什么，总之，宇宙中有大量的暗能量。重子物质和暗物质加起来，对 Ω（宇宙的实际密度与临界密度之比）的贡献才仅仅为 0.3，而宇宙的 Ω 为 1，也就是说，暗能量对 Ω 的贡献为 0.7。换句话说，无论暗能量是什么，宇宙中暗能量的总量都要远远超过其他所有物质的总和。

在前面几部分，我们已经看到了我们这类物质（重子物质）第一次被暗物质替代（而且是很多的暗物质)，然后又被暗能量替代（更多的暗能量）时的重要性。这已经不是我们内在的以自我为中心的观点第一次被科学告诫。发现地球不是太阳系的中心，然后又进一步发现太阳系只是众多恒星和行星系统中很普通的一员，最后又发现银河系也只是大量星系中的一员，这些都给人们带来了很大的震惊。但这种震惊是好的，它提醒我们，没有任何物体在围绕我们旋转。另一方面，相对论能为我们带来相反的感觉。整个宇宙可以看做是以任何观测者为中心的。非常奇怪的是，这几句看起来与科学没有多大关系，它们更重要的作用是告诉我们有关我们自己在宇宙中的位置。但这种表达方式不是科学家对科学的表达，而是作家对科学的表达。作家，不仅仅是科幻作家，都喜欢将科学作为比喻之源。这虽然不完全是前面所说的科学，但非常有用。我们将在最后一章进行更详细地讨论。

让我们的讨论回到宇宙中这个奇怪的东西。尽管暗能量非常奇怪，但它的发现却实际上解决了宇宙学中与宇宙年龄有关的一个危机。请回想一下，对宇宙年龄最初的估算是用 1 除以哈勃参数 H，结果大约为 140 亿年。这是很粗略的估算，因为没有考虑到 H 随时间的变化。利用 $\Omega=1$，并且只含有普通物质和暗物质的宇宙模型可能导致的减速进行的更复杂地估算，得出宇宙的年龄大约只有 140 亿年的 2/3，也就是只有大约 90 亿年。这让天文学家很困惑，因为天文学家通过估算一些最古老的恒星，即那些位于球状星团中的恒星的年龄，发现这些恒星的年龄要比 90 亿年稍微大点。如果天文学家宣称，宇宙比它的一些恒星还要年轻，那的确是非常尴尬的。

在观测超新星之前，哈勃参数的估算值有很大的不确定性，并且没有人能很肯定地说，球状星团中最老的恒星的年龄图是有矛盾的。但如果两者都能更精确点，就会显现出矛盾。然而，暗能量让这个问题消失了。因为宇宙在加速而非减速膨胀，使得人们对宇宙年龄的估算发生了彻底地改变。目前宇宙年龄的估算值大约为 137 亿年，比任何恒星年龄的估算值都要长。

尽管非常有帮助，但暗能量极其怪异，如此奇怪，使得读者可能会认为，一小群物理学家正在夜以继日的工作，去设想出某种足够奇怪而能成为暗能量的物质。的确如此。但如果你知道了 1917 年时，爱因斯坦对这种物质的看法，你会大吃一惊的。爱因斯坦的研究以解决一个牛顿理论中无法逃避的问题开始，就是物质均匀分布，而且处处密度相同的宇宙的行为。在牛顿引力理论中，每块物质都对其他所有的物质施加引力。为了计算任何某块物质受到的力的总大小，就必须将该物质块受到的其他所有物质块的力叠加起来——也就是说，必须对无限求和数列进行求和。并非一定无法对无限数列求和。例如，1＋1/2＋1/4＋1/8＋1/16＋…结果就等于 2。

请注意，很多无限数列求和，即使求和的量看起来非常小，求和的结果也会是无穷大。比如，1＋1/2＋1/3＋1/4＋1/5＋…的结果就为无穷大。还有一些无穷数列，其各项的符号是正负交替的，比如 1－1＋1－1＋1－1＋…，其结果就无法确定，因为这与各项之间如何组合有关。你可以让它的结果看起来是 0（［1－1］＋［1－1］＋［1－1］＋…），或者 1（1＋［－1＋1］＋［－1＋1］＋［－1＋1］…），或者是你想要的任何其他答案。要想无限数列求和有意义，数列项必须要递减地足够快，用数学的语言表述就是，该数列必须是收敛的。

然而，无限宇宙中的物体产生的引力的减少不会是足够快的，因此，对无穷多物质块产生的力进行求和，结果将会是无穷大，没有物理意义。牛顿的求和中，有正项和负项。牛顿对这些项的组合，让这些项的求和结果看起来为 0，但也有别的组合，让其结果为不同的值。现在，用现代的无限数列求和知识，我们无法回答牛顿提出的那个问题，即密度相同，物质均匀分布的宇宙的行为。然而，在牛顿进行计算的时候，还没有得到无限数列的这些性质，牛顿误认为所有的力都会互相抵消，物质不会运动。

爱因斯坦注意到，他自己的广义相对论与牛顿引力理论不同，允许弯曲空间的存在。特别是允许足够弯曲、总体积有限的空间存在。这种爱因斯坦考虑的特殊空间被称为“三维球面”。为了理解三维球面，假设你正居住在一个正常球面（数学上称为“二维球面”）上。也就是，假设生活在一个球面上，无论朝东南西北哪个方向行走，你最终都会回到相同的地点。这真是奇怪的生活方式，不是吗？为了理解三维球面，我们假设上、下两个方向也和东南西北一样。一直向上行走或者一直向下行走，你同样会回到你出发的地方。换句话说，在三维空间中，无论你朝着哪个方向行走，最终都会回到你出发的地方。这种宇宙的物质总量是有限的，因为只有有限的空间去容纳这些物质，这样就不会存在牛顿引力理论中出现的无限数列求和的问题。

和牛顿一样，爱因斯坦认为，在他的三维球面宇宙中，那个“物质分布和密度都均匀的宇宙的行为”的问题的答案将会是，任何物体所受的净作用力为0，因此这种宇宙中的物质也不会运动。然而，这个答案与爱因斯坦的广义相对论场方程是矛盾的。因此，为了得到想要的答案，爱因斯坦在他的场方程中加入了一个新的量，称为“宇宙学常数”。宇宙学常数的“反引力”抵消了物质之间的引力，使得爱因斯坦三维球面宇宙中的物质是不运动的。

但这并没有解决爱因斯坦所考虑的问题，因为引力与反引力之间的平衡是非常脆弱的。要想物质不受到净引力，宇宙的物质密度必须是与平衡宇宙学常数要求匹配的精确值。如果物质密度比该精确值稍微小点，那么，宇宙将会永远膨胀下去；如果物质密度比该精确值稍微大点，那么，宇宙将会发生大塌缩。

更重要的是，在爱因斯坦提出宇宙学常数很多年后，哈勃发现，宇宙是膨胀的。当哈勃宣布发现了宇宙膨胀之后，爱因斯坦意识到，宇宙学常数是错误的，因此，他又回到了原来没有宇宙学常数的广义相对论。后来，爱因斯坦将宇宙学常数看做是他一生中最大的错误。

这个错误，不仅仅是错误，还导致爱因斯坦错失了一个巨大的机会。宇宙的膨胀正是没有宇宙学常数的广义相对论的结果。爱因斯坦有机会在天文学家发现宇宙膨胀之前很多年就预言宇宙的膨胀。然而，他选择改变他的理论，以摆脱这种令人震惊的预言。相比有些人把自己的理论看得过重而言，爱因斯坦显然对他自己的理论重视不够。也可能是，宇宙膨胀这个观点在爱因斯坦看来是很不舒服的，因此，他选择了舒服的方式。即使是最伟大的天才，也会因自己的感觉而出现错误。

讽刺的是，尽管爱因斯坦出于特定的目的引入了宇宙学常数，但后来发现，这个宇宙学常数是粒子物理学中真空（请回想一下前面有关真空的讨论，真空的确是非常奇怪的）理论的自然结果。

正如前面介绍的，量子力学认为每个粒子都会有很多不同的能态，能量最低的能态，称为基态。作为聚集了多种粒子的原子，同样也有最低能量状态，即原子的基态。人们很自然就会问:“原子的基态能量是多少?”对氢原子而言，该值为－13.6eV(eV，电子伏特，是原子尺度上度量粒子能量的单位)。对真空而言，因为真空充满了全空间，所以我们需要得到基态的能量密度(即单位体积内的能量)。请回想一下，真空实际上并非是真的空空如也，而是充满了不断出现，又迅速消失的虚粒子对。因此，“真空的能量密度是多少”这个问题的答案就不会定格在0。

请记住，根据相对论，物理规律与观测者的运动速度无关，无论观测者是如何运动的，宇宙都按相同的方式运转。如果真空的基态也具有这个性质，那么，无论观测者的运动速度为多少，都将得到相同的值。如果真空具有能量，那么，这个对所有观测者都相同的能量必须有负压相伴随。这种均匀的负压力，正是我们一直寻找的。利用狭义相对论中的数学工具，就可以确定，真空的作用与爱因斯坦的宇宙学常数是相同的。不幸的是，理论没有告诉我们宇宙学常数的值有多大，因此，我们不能确定真空能是否就是暗能量。然而，正是认识到宇宙学常数可看做是真空的能量密度，而得到了“暗能量”这个名称。

宇宙学常数的反引力性质，正是产生观测到的宇宙加速膨胀所需要的。如果这些值是正确的，尽管粒子物理学没有预言宇宙学常数的大小，我们也可以通过量纲分析对宇宙学常数的大小进行猜测。需要的量包括牛顿引力常数G，光速c和普朗克常数h，普朗克常数h给出的是光的频率和光子的能量之间的关系。(普朗克常数是量子力学中非常重要的常数。)G，c和h这3个量的组合中，只有一种组合具有能量密度的单位，因此我们就会猜测，宇宙学常数的值就是这个组合得到的值。

不幸的是，结果表明，这个值的大小，比我们实际观测到的暗能量的密度要高大约10^{120}倍！这可能是物理学历史中最失败的量纲分析了。在前面一些章节中，我们用量纲分析解释了黑洞的史瓦西半径公式。量纲分析是物理学中应用非常广泛，而且极其有用的工具。尽管量纲分析只能给出物理量的估算值，但总体而言，这些估算值与实际值的差别并不是非常大，除非相关的物理理论中，有些关键的地方没有能正确地理解，因此，用量纲分析得到的结果就会不合理。量纲分析对暗能量密度估算的巨大失败表明，在暗能量物理中还有某些我们未能理解的重要部分。

在观测暗能量之前，大多数粒子物理学家认为，宇宙学常数为0。因此，找到宇宙学常数为什么为0的原因也就成了粒子物理学家的任务。1988年，西德尼·科尔曼（Sidney Coleman），一位具有极好的数学和写作天分的理论物理学家，甚至写过一篇名为《为什么是什么都没有而不是有什么：一种宇宙学常数理论》（Why There Is Nothing Rather than Something：A Theory of the Cosmological Constant）的论文。

现在，这个任务变成了，或者解释为什么观测到的宇宙学常数的值惊人的小（从量纲分析的角度来讲，这个值的确是出乎意料的小），或者找到某种除了宇宙学常数之外的其他暗能量理论。目前已经提出了几个不同的理论，但还不清楚，其中某个理论是否比其他理论更可信，或者，其中任何一个理论是否比简单的宇宙学常数更可信。

请注意，对暗物质的研究是从几个普通的“嫌疑犯”（现在这些“嫌疑犯”都已经被排除）开始的，但最初对暗能量的研究，只从一个对象开始：宇宙学常数/真空能。科学中，甚至是在警察的工作中，只从一个“嫌疑犯”开始调查，是非常危险的。因此，理论尝试“围捕不普通的嫌疑犯”才是恰当的，而且也正在进行中。

目前的宇宙，由重子物质、暗物质和暗能量组成，它们在我们面前显示出很多神秘的巧合。第一个巧合与普通物质和暗物质之间的比较有关。请回想一下，宇宙中的重子数与光子数之比大约为 20 亿分之 1。这意味着，每 20 亿个光子中只有 1 个重子。因此，任何重子起源（早期宇宙中重子的产生）理论必须能够解释这个很小的值。同样的，暗物质粒子数与光子数之比肯定是另一个非常小的数值，任何暗物质理论也都必须要同样能解释这个很小的数值。

目前，暗物质的密度大约为重子物质密度的 7 倍。随着宇宙的膨胀，暗物质密度和重子物质密度是按照相同的方式变化，因此，暗物质密度与重子物质密度的比值在宇宙大部分历史中都大约为 7。描述两个非常不同的过程的两个非常小的数值（重子数/光子数、暗物质数/光子数），结果却得到了两个相差并不是那么大的密度值。无论暗物质是什么，为什么暗物质大约为重子物质的 7 倍？为什么光子数要比暗物质和重子物质多得多？这可能仅仅是巧合，没有别的解释。但看起来似乎是任何重子物质和暗物质的形成理论，都能解释这种巧合，这也暗示在暗物质和重子物质之间隐藏着某种一致性。

另一个不同的巧合来自于暗物质密度和暗能量密度的比较。目前，暗能量密度稍高于暗物质密度的两倍。假设暗能量是宇宙学常数，那么，暗能量的密度就不会改变。然而，宇宙膨胀稀释了暗物质粒子，也使得暗物质密度降低。最终，宇宙会膨胀到足够大，使得暗物质密度（和重子物质密度）与暗能量密度相比，只占很小一部分。与此对应，在早期宇宙，暗能量密度与暗物质密度相比，只占很小一部分。因此，看起来我们正处在宇宙历史中一个很特殊的时期，也就是暗物质和暗能量都无法忽略的时期。这也可能是一个没有解释的巧合，但我们的确希望找到能解释这种巧合的暗能量理论。

上面的段落暗示了理论物理学中深层次的思考方式。当某种理论被创建时，理论家必须要弄清楚所创建的理论解释的对象是什么。例如，粒子物理学理论解释的是原子，就无需关心美洲驼和羊的行为。为了找到能够解释与暗能量一样难以理解的物体的理论，科学家需要在这个领域中找到宇宙有哪些方面仍需要解释，然后努力建立一个理论框架对其进行解释。

尽管宇宙学家继续探索和创建暗物质和暗能量理论，可最终，这些问题也许要在探测世界而不是理论世界中才会变得更加清楚。直接搜寻暗物质的项目正在进行当中。如果探测到了暗物质粒子，那么，我们将会得到有关暗物质的更多性质。与此相似，对宇宙膨胀的历史更详细的研究，将会得到更多有关宇宙加速的信息。这可以用来寻找暗能量的性质，特别是还能告诉我们暗能量是否就是宇宙学常数。

本章的主题在物理学中目前是未知的，但只是部分未知。尽管有些暗物质和暗能量理论是推测性的，但暗物质和暗能量却是真实存在的。这也使得暗物质和暗能量与物理学前沿中其他的领域有所不同。如果马克·吐温（Mark Twain）今天仍然活着，他可能不会相信诸如超弦和额外维等理论家过于活跃的想象力的产物，但却会相信暗物质和暗能量的存在。暗物质和暗能量的存在，以及它们不是普通的重子物质等事实，都得到了探测世界和理论世界中的方法的证实。对暗物质和暗能量本质的搜寻，是我们这个时代最令人兴奋的问题之一。如果在下世纪来临前，我们找到了这个问题的答案，那肯定会被看做是 21 世纪物理学最伟大的成就之一。

我们已经到达了我们三类世界（即感知世界、理论世界和探测世界）的工作边缘，我们对三类世界的“建造”仍在进行中。正如前面警告过的，本章中很多内容都是目前还不清楚的，是来自知识创建过程中的“噪声”。可能有些读者会抱怨，作为一本科普书，就应该介绍那些已知的知识，而不是介绍解决问题的过程。其实，即便我们居住在科学大厦已经建造好的较低的楼层里，科学大厦建造过程中的噪声也会存在，这将会在我们进入到下一章后变得清晰。居住在较低楼层的人，也需要知道这些是与什么有关的噪声，因为有时候，我们的生活就是“锤打中的钉子”。

我们将从我们现在所在的地方——宇宙的边缘出发，返回我们出发时的地球。

回到地球

第13章　路线图

我们并不打算在宇宙边缘处停下来，尽管有时的确想如此。这就像开车载着某人一直前行，然后在某个地方抛弃他，并说："自己找到路回家吧。"在本书的开端，我们曾承诺要进行往返旅行，因此，我们打算信守承诺。因为科学不仅仅是使科学家远离街道的抽象努力（没有什么会比一群游离的宇宙学家更危险，除非是地球化学家——他们都很可怕）。请回想一下，我们是从谈论手机和X射线设备开始的。如果没有大量的科学知识，是无法发明这些设备的。科学知识在生活中的应用一直存在。回程的重点在于，沿着科学理解的路径回到我们的实际生活中。为了让努力进行的科学研究对每个人（不仅仅是前面提到的科学人）都是值得的，只从探测世界中走出去是不够的，我们还必须回来。

在回来之前，让我们看看我们到达目前位置的路线图。在前言中，我们以一种特别的方法开始审视科学：强调自然界的大部分是我们无法直接感知的，但可以利用探测工具和理论来理解。我们同样强调，对科学的理解是从"他们是如何得知的?"这个问题开始的，然后在接下来的三部分内容中，我们将这种方法应用到了天体物理学中，特别是对太阳、黑洞、暗物质和暗能量的理解中。在本部分中，我们将回到更大的主题，考虑我们这种方法能对科学，而不仅仅是天体物理学说些什么。

我们正打算要做的事情，和绘制一幅大比例尺的全国交通路线图很相似。绘制一幅大“比例尺”的科学图将会是非常有用的，不过，可能需要一本配套的介绍书。本章更像那类用来帮助人们从一个国家的某地到达另外某地的地图。此类地图上标注出了主要的高速公路、区域和城市的名称以及主要的地理特征（海洋、湖泊、山脉等）的标志。这类地图还会显示需要经过的路线，并标志出弯道和出入口等。如果到达每个特定城市中的每个特定地点，那此类地图就用处不大——这就需要用到小比例尺的街道地图——但对想要穿过一片广大区域的人、对大概知道应该沿着什么路线行进的人而言，这种大比例尺的地图就会非常有用。

以上三部分内容，实际上是科学大领域内一个“省”的详细路线图。在这部分，我们将大概绘制一幅能让我们从一直讨论的科学领域，即天文学领域进入到对我们日常生活有极大影响的科学领域，如医学领域的路线图。

有三个原因让我们要去绘制这样的图。第一个原因，将以上三部分内容的知识放入环境中。第二个原因，与我们在本书中一直强调的东西有关，即科学知识的间接性。不过，因为我们的例子都来自于天文学，这可能会让读者认为，这种间接性只是我们研究的物体离我们非常遥远而带来的结果。肯定有读者会认为，当我们研究的物体能放在实验室的实验台上，能握在我们手中时，知识可能就不是那么间接了。的确，间接性有着不同的类型。我们将用本章来阐明这点。第三个原因，我们在前面章节中提到过，科学的不同分支之间的相互联系。我们在利用化学元素的光谱特征得到太阳的性质时看见过，在用量子力学探寻白矮星物质和中子星物质时所起到的关键作用中看见过，在数学在所有的科学研究中起到的基本作用中也看见过（实际上，数学和科学之间的关系要比这复杂得多，需要用单独的一本书来阐述）。

意识到不同的科学领域之间的区别其实反映的是人们的条件和方便性之间的区别，这是非常重要的。每个人的生命都是有限的，每个人的学习和工作时间也是有限的。没有人能在一生中学完所有的知识，做完所有的工作。而且，并非所有人都对同样的东西或者对同样的东西的某个相同的方面感兴趣。对鸟类的飞行着迷的孩子中，可能有人会成为飞行员，有人会成为空气动力学方面的工程师，也有人可能会成为研究鸟类和恐龙之间关系的古生物学家。人们既没有时间也没有精力完成所有这些工作。因此，我们会进行分类，将鸟类飞行中的这个特点归属于工程学领域，将那个特点归属于生物学领域，将另外那个特点归属于古生物学领域，等等。但鸟类是不会在乎我们的这种分类的——更重要的是，宇宙也不会在乎我们的这种学科区分。可是，从以上任意一个方向进行探究，都可以实现对鸟类飞行的理解。同样，在他们都是从不同的角度对相同的对象进行研究和理解时，工程师的工作就可能会对生物学家有所帮助，工程师和生物学家的工作也都可能会对古生物学家有所帮助。

因此，我们从方便的角度出发将科学分为不同的学科，我们还要从方便的角度出发将它们联合起来。否则，生物学家将要浪费一生的时间重建空气动力学家的工作；古生物学家也不会注意到，宴会后残留的鸡骨头与中国出土的长有羽毛的恐龙化石有些相象。

为了绘制显示这类内在联系的路线图，就像人们从自己家附近出发，走向他所知的地方的过程中绘制的路线图一样，我们将从我们已经涉及的领域开始，转向其他熟悉的领域，在转向的过程中绘制这种“路线图”。

从恒星到地球

在讨论恒星演化时，我们只是很简短地涉及了围绕恒星运动的行星。从很多方面来说，行星是恒星形成过程中的副产物，在恒星的生命周期中，行星的意义是最小的。但从作为其中一颗行星上的居民看来，行星则是非常重要的。

行星的形成理论还缺乏实际的观测数据。然而，在我们的太阳系中有很好选择的行星，这些行星就像太阳的孩子。就构建行星形成理论而言，我们和生物学家面临的困境是相同的。同样的，生物学家只有有限的生物体可供研究，但却要由此确定到整个物种的特征。最近，在太阳系外发现了很多行星，但都是用前面介绍过的间接方法探测到的。对于这些地外行星，我们知之甚少，对于大部分地外行星，我们也只能得知它们的质量和与我们的距离。

有些行星形成理论与已知的观测事实相符合，但随着我们对其他地外行星条件的探测能力的提升，这些理论会被进一步完善或者修改（探测到了其他太阳系中巨大的地外行星在很小的轨道上围绕其母星公转，这已经导致了相应的修改）。目前大家普遍接受的就是“星子假说理论”。这个理论中，气体云在坍缩形成太阳的过程中，伴随着围绕年轻的太阳的物质盘的形成。和太阳一样，这个物质盘也主要是由氢和氦（统称为气体）组成，此外，还含有多种细小的矿物质颗粒（统称为岩石）和细小的固态水、氨和甲烷颗粒（统称为冰）。随时间增长，冰颗粒和岩石颗粒互相碰撞并结合在一起，最终变得越来越大，成为星子。最终，星子之间相互碰撞、结合，形成了原行星。因为在太阳系的内部区域，温度较高，含有的冰也就较少，所以这些区域诞生的行星也就含有更多的岩石，体积也更小。太小的行星不足以靠自身引力俘获气体，即使这些气体是太阳系盘中最丰富的。

在太阳系的外部区域，行星会变得足够大，俘获足够多的气体，从而成为巨行星。一段时间之后，在太阳系内部区域诞生了小的岩态行星，外部区域诞生了大的气态行星以及很多岩态和冰质星子：月亮、矮行星、小行星以及彗星。然后，早期太阳更剧烈的太阳风清除了太阳系中那些残留的、未被俘获的气体，清理了物质盘。

太阳系中的行星需要我们去研究，至少我们生活在其中一个的上面（并已经对这个颗行星进行了非常详细的研究）。其中一个能很快得到的结论就是，这些行星的物质组成要比太阳复杂得多。因为恒星的温度太高了，导致所有的化学反应在恒星上都无法进行，这样原子之间无法就正常结合成分子。

但在太阳系中温度较低的区域，化学变化是可能发生的。100 多种元素能结合成任意数量的化合物。这种情况与我们在早期宇宙中看到过的情况相似。在当时的宇宙中，能量太高，无法结合成原子核，因此，原子也无法形成。当温度进一步降低时，形成相对复杂的核结构才成为可能。这是一种重复的、很重要的现象。在某些条件下，复杂的结构是不可能的，但随着条件的改变，物体之间能以完全想象不到的方式结合。

如果你观测到处在几乎是流体状态的早期宇宙，你就不会认为原子的形成是可能的。如果你看到质子、中子、电子和所有其他亚原子粒子在“辐射海洋”中不停地互相碰撞，又互相飞离，你能猜到，随着温度降低，它们会结合成美丽的、量子对称的原子吗？估计除了认为它们能互相结合然后分离成其他的基本粒子外，你可能对它们不感兴趣。

如果你看到恒星中原子核之间互相旋转，然后聚合，你能想到化学的复杂性吗？当恒星中首次形成的碳，在氢和氦中间四处分散，是否有人会想到，碳元素是形成石墨、钻石、植物、动物以及我们自身的基础？

因为有行星，化学才能作为科学而存在。在这些温度低的地方，各种元素才能聚集在一起。化学的研究领域和原子物理学的研究领域有重合的地方，因为原子位于它们的分界线上，而电子壳层的量子结构决定了原子能形成哪些分子，不能形成哪些分子。原子物理学研究原子的结构和组成，同时承认原子能结合成分子。化学主要关心的是下一层次的结构，不以原子本身为研究对象，而将原子看做是构建物质的大量“基石”的一部分，尽管原子并没有失去核的身份。

指出这个重要的事实，是非常具有讽刺意义的。因为这个事实与更复杂、更大的结构有关，即化学要比原子和分子理论古老得多。化学虽然不是最古老的学科（我们将会看到，生物学才是最古老的学科），但它的确很古老，因为化学反应发生的方式，在人类的尺度上就能产生并被感受到。感知性并不是学科的主要特点，但学科与我们生活的接近程度能影响它在科学的历史上出现的早晚。科学将感知世界向外延伸，我们的感知极限是感知世界最重要的决定因素。实验将探测世界向外延伸，实验方法的极限是我们探测工具的极限。

化学中大量的产生特定反应的实验，需要的只是宏观的工具，通常是玻璃器皿和火。无论是理论化学家，还是实验化学家，从刚开始写作就已经被灌输了大量的化学知识，这远远早于他们认为自己是化学家，或者冶金学家，抑或者厨师。化学最初是由实验科学发展而来，实验科学是由工匠和学者创建的。最初的化学家想要知道的只是如何制造好的火药，如何为陶瓷品上光，如何发酵才能得到更好的啤酒和葡萄酒，以及如何为布料染上各种不同的颜色。

前面的内容好像是将化学很明确地放在了感知世界中，因为我们把化学看做是将不同的物质混合在一起，然后看会发生什么的科学。这无疑是化学的一部分。但请记住，化学也会关心原子，而原子极其小，这很重要。那么，原子究竟有多么小呢？当然，这与原子的种类有关。原子的直径大约为 1 米的 100 亿分之 1 到 100 亿分之几。或者，换一种方式表述会更直观，1 滴水中的原子数比海洋中水滴的数目还要多。化学家处理这样微小的距离的方法，与天文学家处理巨大的数值时的方法相同：科学计数法。1 米的 100 亿分之 1 就可以写成 10^{-10}米，并用 1 埃表示。因而，我们可以说原子的大小约为几埃，就像我们说太阳与地球之间的距离为1AU一样，但这种表示法并没有改变这个尺度与我们日常生活中的尺度有着巨大区别的事实。

有时候人们会说，天文学中巨大的距离让人们感觉人类很渺小。如果的确如此，那么，想想化学就能带给我们非常不同的感觉：与原子相比，我们就是庞然大物，聚集了大量原子。

那么，人们是如何获得小到无法看见的微小原子世界的知识呢？精细的现代设备（电子显微镜和原子力显微镜）能分辨出单个原子。然而，大部分化学仪器都是像"将不同的物体混合在一起，看看会发生什么"一类的仪器。一个很好的例子就是酸和碱的实验。水分子的化学式为 H_2O（2 个氢原子和 1 个氧原子），但在水中，有极少量的水分子分解成了氢离子 H^+（失去了电子的氢）和氢氧根离子 OH^-（氧和氢束缚在一起，并得到了 1 个电子）。这种表示法看起来可能很奇怪，因为"+"代表失去 1 个电子，而"−"代表得到 1 个电子。实际上，这种表示方法代表的是总电荷数。正常的原子的总电荷为 0，即是电中性的，也就是质子数（电荷为+1，以质子电荷为单位）和电子数（电荷为−1）相等。当原子得到 1 个电子时，总电荷就为−1，而当原子失去 1 个电子时，总电荷就为+1，分别简写为"−"和"+"。如果你想要知道为什么质子的电荷为正电荷，电子的电荷为负电荷，去怪本杰明·富兰克林（Benjamin Franklin）吧（我们并没有开玩笑，的确是他的错）。

因为每个 H_2O 会分解为 1 个 H^+ 和 1 个 OH^-，这就说明，水中的 H^+ 总量和 OH^- 总量是相等的。往水中加入某些合适的化学物质，就可能打破这种平衡，使得 H^+ 要比 OH^- 多（在这种情况下，加入的物质被称为酸），或者使得 OH^- 要比 H^+ 多（在这种情况下，加入的物质被称为碱)。有种很简单的方法检验某种液体是酸还是碱，所需的只是一张石蕊试纸。石蕊试纸中含有一种化学物质，这种化学物质遇酸时会变成粉红色，遇碱时会变成蓝色。石蕊试纸是探测仪器最简单的例子之一：只用眼睛看，我们无法区别某种化学物质是酸还是碱，但将石蕊试纸浸入其中，然后看石蕊试纸会变成什么颜色，我们立即就能得到答案。那么，如果有种酸性物质，我们如何知道它的酸性有多强呢（也就是说，H^+ 和 OH^- 之间失衡的强度有多大)？因为酸和碱之间的失衡是相反的，将酸和碱混合，就能中和两者的失衡。为了测量某酸的强度，所需要的就是浓度已知的碱，然后测量需要加入多少该碱才能中和该酸。这样，不需要直接涉及细微的原子尺度，就能测量到化学物质的性质。事实上，酸和碱的测量以及中和理论要比现在的原子理论早几个世纪。

化学的理论世界，主要关心的是原子之间是如何聚集而形成分子，以及在哪些条件下会形成什么分子。后者很重要，因为化学是一门实验科学。它的结果能直接导致新发明的出现，以及关于“什么是安全的，什么是危险的”的新结论。化学理论需要给出“原子是如何结合成分子的”规律。我们在前面的内容中已经介绍了这些规律的来源：量子力学。正如量子力学决定了电子在单个原子中的状态一样，它同样决定了电子在多个原子中的状态。

在分子中，并不是所有的电子都属于某个原子，有些电子是多个原子共有的。原子之间共享电子的行为，就被称作“化学键”，将不同的原子保持在了一起，但这些原子都无法离它们之间的共享电子太远。为了弄清楚会形成什么分子，我们就需要知道每种原子能共享的电子数有多少。

原子由质子、中子和电子构成，如果某些原子被电离或者与其他原子分享了电子，那么，该原子的电子数就会发生变化。因此，原子是根据其核子（质子和中子）数来分类的。我们在前面就已经提到过，质子数相同的原子是同类原子（“元素”一词，指的是原子种类相同的物质）。如果同类原子之间含有的中子数不同，那么，这种物质就称作此类元素的同位素。按照质子数进行分类并不是没有根据的，因为质子数决定了原子的化学行为。

自然界有 100 多种不同的原子。元素周期表是按照原子中含有的质子数来排列的，但是按照原子能共享的电子数来进行分类的（周期表的每列是一类）。以说明性为目的，我们只集中考虑生活中非常重要的四种元素：氢、碳、氮和氧。这些都是最轻的元素。从量子力学可以得知，氢可以共享 1 个电子，氧可以共享 2 个电子，氮可以共享 3 个电子，碳可以共享 4 个电子。氦，宇宙中除了氢之外最多的元素，却无法共享电子，因此，也就无法形成分子。元素周期表中，氦所在的列（包括氦、氖、氩、氪、氙和氡）被称为“贵族气体”或“惰性气体”。“贵族”是因为它们太“高傲”了而不与其他原子结合，“惰性”是因为它们不发生任何化学反应。你选择得到的任何政治结论，都完全地依赖于你自己。

为了看看能形成什么分子，用图来表示将会是很有帮助的。在图中，用字母代表原子（H 代表氢，C 代表碳，N 代表氮，O 代表氧），用短线代表化学键。图 12 就是个例子。

让我们从考虑以上所说的四种元素能和氢元素结合成什么分

子开始。两个氢原子互相之间能共享电子，形成氢分子。用化学式表示，就是 H_2，其中“H”是氢元素的符号，“2”代表氢分子中有两个氢原子。

1 个氧原子能与 2 个氢原子结合，因为氧原子能分享 2 个电子，而氢原子只能分享 1 个电子。这种分子的化学式为 H_2O，也就是水分子。与此相似，1 个氮原子能与 3 个氢原子结合形成氨分子，即 NH_3；1 个碳原子能与 4 个氢原子结合形成甲烷分子，即 CH_4。将原子看做是单个的“积木”，将分子看做是由这些“积木”建造起来的东西，会非常有帮助。用孩子们玩的积木，能建造出非常大、非常复杂的结构，即使这些积木的种类很有限。

对分子而言，这可以用碳元素和氢元素为例来说明。假设有一长条由很多碳原子组成的链，每个碳原子都与邻近的下一个碳原子之间由化学键相连。在该碳链上，除了首尾两个碳原子只有一个化学键外，其他的碳原子都有两个化学键，即与前后两个碳原子之间各有一个化学键。为了让每个碳原子能有 4 个化学键与之相连，只要简单地加上相应数目的氢原子——在首尾两端的两个碳原子上分别加上 3 个氢原子，而其他的碳原子，分别加上 2 个氢原子即可。在图 12 中，给出了这类分子的示意图。

这样的分子中，最简单的是甲烷分子（CH_4），其次为化学式为 C_2H_6 的分子，即乙烷分子，然后依次是丙烷（C_3H_8）和丁烷（C_4H_{10}），等等。这些分子的名字听起来很相似，统称为烃类。它们都能很好地燃烧，因此都可以成为某类燃料，但它们之间的功能还是有区别的。

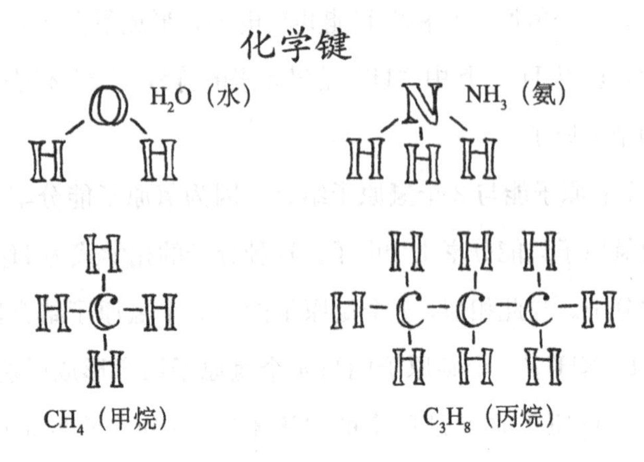

图 12

因为氢只有 1 个化学键，任何分子中的氢，能被其他具有 1 个化学键的元素替代。这点在化学中很关键。具有相同结合性质的原子或者分子能互相替代，从而能得到很多更复杂或更简单的分子。这与能放入同样的洞中的积木能互相替代是一样的。

特别地，我们通常认为水分子是 1 个 O 连接着 2 个 H，但我们还可以认为是 1 个 OH 连接着 1 个 H。也就是说，OH 有 1 个化学键与 H 相连，因此，OH 也可以被任何只有 1 个化学键的物体代替。对目前为止我们考虑过的任何分子，都可以将其中的 H 替代为 OH，从而得到新分子。比如，用 OH 代替乙烷中的 H，就会得到乙醇（通常就叫做酒精），也就是啤酒、葡萄酒和烈性酒的“活性组分”；用 OH 代替甲烷中的 H，就会得到甲醇；用 OH 代替丙烷中的 H，就会得到丙醇，等等（这些其他类型的酒精对人体的危害比酒精更大。有些也用“酒精”标注的物体，并不说明它们也能喝）。

然而，很重要的一个方面是，原子和积木是有区别的。我们可以用我们喜欢的任何方式来堆积木。然而，对原子则不行。那么，原子是如何聚集为分子的呢？如果回顾前面章节中与聚集有关的例子（比如核聚变），我们可能就会猜到，这与力和能量有关。我们是正确的。

化学反应由电磁力驱动。两个或多个分子互相碰撞，分裂，然后以不同的方式重新组合。氢和氧燃烧生成水就是很好的例子。2 个氢分子和 1 个氧分子结合，生成 2 个水分子。这个过程用化学方程式表示就是，$2H_2+O_2=2H_2O$。更普遍的是，一团火焰中，碳、氢会与氧分子结合，氢与氧结合生成水，碳与氧结合生成二氧化碳（CO_2）。这个过程也是汽油在汽车引擎中燃烧时发生的过程。

因为化学反应依赖于分子之间的碰撞，分子的运动速度又依赖于温度，所以，化学反应常常对温度很敏感。这也就是为什么点燃一团火焰时通常要用到另一团火焰（比如用火柴点火），或者用到电（电火花点火），或者通过摩擦（比如用火柴划火柴盒）的原因。温度必须要升高到足够高，使得化学反应得以发生。同时，这也是为什么火一旦被点起来，只要有新燃料，就会继续燃烧下去的原因。化学反应释放的能量使得温度得以维持在足够高，只要有足够的能量和燃料，接下来的反应就可以继续发生。这意味着，大部分化学知识是关于“会发生什么化学反应和在什么条件下发生”的。

与天文学不同，化学最初是一门研究与人类生活息息相关的现象的学科。令人非常高兴的是，这种狭隘的起源，并没有阻止化学进一步延伸，帮助我们理解宇宙。请记住，天文学家正是从化学中学到了如何分辨恒星的物质组成。这也是对大比例尺的科学路线图的提前证明。正如一个城市或者一个地区可能会为另一个城市或者地区提供有用的产品，不同的科学领域之间的知识和方法是可以相互借鉴的。在这种相互借鉴中，各个领域都会受益。

生命

初看起来，化学是探测世界中的学科，对生物学来说更是如此。我们周围有很多很容易被感知的生物，比如我们的宠物、室内植物、鸟、树以及花草等，我们举的只是很常见的例子。生命科学知识对我们人类是极其重要的，因为我们需要别的生物作为食物而生存，当然，有些生物也是会吃人的。而且，有时我们想要吃的一些东西，如果真的食用了，可能会引起食物中毒。关于“哪些植物和动物适合食用，以及如何获得这些植物和动物”的知识，要比书面记载早得多，这也使得生物学轻而易举地成为了最古老、最实用的学科。像园艺和观鸟这类爱好，就属于现在的业余生物学，这些是每个人利用探测世界中的观测工具就可以做到的，比如观鸟者通常会使用双筒望远镜。

然而，和其他很多学科一样，随着研究的更深入，这种舒服的亲近感就会消失。在显微镜下，就会出现很多令人惊奇的现象。所有生命都是由细胞组成的，每个细胞都非常小，人们无法用肉眼直接看见它们。动物细胞的平均长度大约为 1000 万分之 1 米。或者，换言之，成年人身体中平均包含了约 100 万亿个细胞。有些活生物是单细胞生物。像我们这样的生物，包含了大量的细胞。细胞聚集在组织和器官中，让组织和器官具有特定的功能。

在电子显微镜下，人们惊奇地发现，生命和非生命之间的差别并没有原来认为的那么大。生物主要由水和有机化合物构成。

有机化合物是指，由碳原子链和其他原子“悬挂”在碳链上而构成的分子。很多有机化合物的结构非常复杂，尽管如此，它们也只是由普通的化学过程形成的分子。

在我们的理解中，生命在这些有机化合物之间的相互作用中出现。可以认为生物是很多分子经一系列极其复杂的、自持的化学反应而进行的组合。这叫做“还原论观点”。人们同样可以说，日常生活中的感知，为我们展示了很多不同形状和大小的动物和植物，人们想要用多种不同的探测方法更仔细地研究这些生物。

对单个细胞的深入研究表明，每个细胞中都在发生着大量非常复杂的化学反应，正是这些化学反应实现了细胞的各种功能。另外，人们发现，当 1 个细胞分裂成 2 个子细胞时，子细胞的功能和母细胞的功能几乎一样。

读者自然就会问：“为什么细胞是如此的小呢”。这个问题可以让我们的老朋友——量纲分析来回答。因为细胞需要通过化学反应来维持，必须从外界吸入化学物质，发生化学反应，然后排出不需要的反应产物。换句话说，和其他所有的生命一样，细胞也需要“进食”，然后排出“废物”。现在，让我们考虑两个形状相同的细胞，其中一个细胞是另一个细胞的两倍。大细胞的直径、表面积和体积分别是小细胞的 2 倍、4 倍和 8 倍。4 倍的表面积意味着，大细胞从外界吸入化学物质的速率需要是小细胞的 4 倍。但 8 倍的体积意味着，为了维持相同的化学反应，大细胞从外界吸收化学物质的速率需要是小细胞的 8 倍。也就是说，大细胞进行同样化学过程的难度是小细胞的 2 倍。因此，对细胞而言，细胞越小，化学反应效率越高。

这样分析，就会将上面那个问题转向另一个问题：“为什么细胞不会比它们实际的大小更小呢”。答案是这样的，细胞是由分子构成的，细胞需要大量的分子来实现那些生命特有的、复杂的自持过程。细胞的最佳尺度，是使它能承受这种复杂性限制所需的最小尺度。在后面对进化的讨论中，我们将会介绍为什么细胞的大小会大约是最佳的。

细胞和生命的大部分结构片段是叫做蛋白质的分子，蛋白质分子是由叫做氨基酸的小分子首尾相连而组成的长链。有些蛋白质作为催化剂调节着细胞内的化学反应。“催化剂”是个化学名词，指的是那些参与化学反应，但在反应过程中既没有被产生，也没有被消灭的物质。催化剂量会影响化学反应的速率。

生物学上，将起催化剂作用的蛋白质称作酶。就功能而言，细胞必须能产生自己的结构蛋白质和酶。如果不能制造所需的蛋白质，细胞就不会存在。如果没有酶，细胞就无法实现自我控制，那么，结果就是或者不会产生所需的反应，或者这些反应太多，这样，生物为了生存会很快用光自己的物质。

那么，细胞是如何知道怎么制造所需的蛋白质呢？在回答这个问题之前，让我们先看看这个问题本身，因为其中包含了一个词，“知道”。“细胞怎么会知道？”知识通常来自于我们的直接经验。对我们这样会思考的生物，知识和意志隐含在我们的工作方式中，因此，我们倾向于表达出理解和想法，并传递给外部世界。也正是因此，我们咒骂天气和我们的计算机，因为它们“选择”弄糟我们的生活。同样，我们看着细胞正在制造复杂的蛋白质时会认为，它所具有的是如何去做的“知识”。但事实并非如此，细胞所具有的是利用存储的信息产生的复杂的机制。

信息，正如我们在量子力学中看到过的，不仅仅指那些我们所知道的，还指物质的内在特征。我们看着元素周期表，就知道了元素的化学性质，但元素自己不需要看元素周期表来得知自己应该如何做，它们只是按照自己本来的性质“行事”。我们将要讨论的是遗传密码。遗传密码是物质按照其应有的、极为精细的方式“行事”的很好的例子。我们通常会将复杂等同于智慧，但有时候事物只是以复杂的方式发生，而且，更重要的是，有时候会有某种机制使得某种方式取代了其他的方式，这并不是因为它们是按照意愿而行事，而只是简单的因为这种方式会比其他的方式更好，能将工作做得更好。

细胞中，制造蛋白质所需要信息编码在另一种叫做 DNA 的分子中。DNA 也是长链分子，形状像两边盘旋而上的“楼梯”，每边都有一个“骨架”，附着在每级楼梯的外侧，每级楼梯都是 4 个叫做“碱基”的小分子中的一个，即腺嘌呤（A），胸腺嘧啶（T），鸟嘌呤（G）和胞嘧啶（C）。在这个双螺旋结构中，A 与 T 配对，C 与 G 配对。DNA 中碱基的排列顺序被用作蛋白质中氨基酸排列顺序的“编码”。为蛋白质编码的 DNA 片段叫做“基因”。每 3 个碱基的排列顺序对应 1 个氨基酸。对这种编码的破译，是现代生物学中最伟大的成就之一。

那么，这种编码的方法是如何继续下去的呢？当细胞发生分裂时，哪一半得到了“说明书”呢？答案是两边都得到了，因为 DNA 就是 DNA 自我复制的编码。DNA 是 A 与 T 配对，C 与 G 配对的双螺旋结构。DNA 的每一边所包含的信息，都起着另一边的模板的作用。在细胞分裂之前，DNA 的双螺旋结构会打开，每一边都被用作重新创造另一边的模板。结果就得到了两个相同的 DNA，每个 DNA 将分别进入由分裂而产生的两个子细胞中。

科学家是如何知道这些的呢？或者，换言之，要弄清楚这些，需要用到什么探测仪器和方法呢？尽管细胞很小，但比原子大得多，因此，观测单个细胞比观测单个原子要容易得多。人们所要做的就是，获得至少放大100倍的细胞图像，以观察细胞内部和工作方式。平面镜反射光线，并呈现出与物体形状和大小一样的图像。曲面镜或透镜能聚焦光线，并得到比物体实际大小更大的图像。最简单的显微镜（此处我们回到前言中的第一个例子）由两块透镜构成，第1块透镜用来将物体的图像放大，第2块透镜的功能相当于放大镜，让我们能看更详细的观察图像。将两块透镜组合起来，就能很容易地得到观察细胞所要求的放大率。

假设我们想更详细地观察单个细胞以及细胞的各个不同的部分。那就让我们制造一个放大率更大，功能更强的显微镜吧。这会有效，但只在一定程度上有效。光是电磁波，有特定的波长。但我们无法用某种波长的光来分辨比其波长还小的细节。这是个很奇怪的观点，但它实际上说的是，对从旁观察某些物体而言，光是非常大的。因此，为了更详细地观察细胞不同的部分，我们需要波长更短的光，比如紫外线或者X射线。我们可能需要制造一台X射线显微镜。不过，如果制造X射线显微镜，那我们还用透镜干什么呢？普通的玻璃透镜是无法用来聚焦X射线的。这个问题的答案就藏在我们的电视机中（至少对那些还没有使用等离子电视机或者LCD电视机的人是如此）。电视机显像管的核心是“电子枪”。电子枪是利用电场将电子加速到一定的速度后，再将电子导引至显示屏上特定位置的设备。我们可以用电子代替光，制造出更好的显微镜。量子力学告诉我们，电子也是波，而且电子束的能量越高，波长就会越短。因此，为了得到合适的波长，我们所要做的就是在电子枪上施加合适的电压。此外，因为电场也能用来控制电子束的方向，所以，一个精巧设计的电场就能像透镜一样来对电子束进行聚焦，这与普通显微镜中透镜对光线的聚焦相似。简而言之，这就是电子显微镜的工作方式，电子显微镜能为我们提供研究细胞以及细胞各部分所需要的分辨率。

电子显微镜是细胞研究中非常重要的工具，但 DNA 的双螺旋结构不是用电子显微镜发现的，而是用一种叫做“X 射线晶体学”的技术发现的。这也是生物学上对知识间接性利用的一个很好的例子。晶体是原子以特定形式排列而形成的结构。X 射线的波长与晶体内部原子之间的间距差不多。当 X 射线照射在晶体上后被晶体反射，并呈现出相应的图像，这种图像就反映了晶体内部原子的排列方式。不幸的是，与骨折时照的 X 射线照片不一样，结晶学中，反射后的 X 射线形成的图像与晶体中原子的排列方式完全不同。作为类比，我们可以将晶体比喻为乐器，反射后的 X 射线形成的图像就是乐器发出的声音。X 射线晶体学就是人们在欣赏音乐时，想方设法去弄明白所听到的音乐是由何种乐器发出的。这个过程只利用探测是无法达到目的的，只给出反射后的 X 射线形成的图像，是无法计算出晶体的结构的。然而，如果知道了晶体的结构，人们就可以计算出 X 射线反射后得到的图像。因此，X 射线晶体学需要将探测和能告诉我们晶体应该具有什么结构的理论结合起来。这就好像是，人们知道很多乐器的声音，并说：“啊哈，是双簧管！”

实践中，科学家先得到 X 射线被晶体反射后形成的图像，然后以这个图像为基础，猜测相应的晶体结构模型。这种模型并不是随意猜测的，因为必须要和已知的晶体化学组分，以及这些化学组分之间能形成的化学键相符合。然后计算出这种模型下会得到什么样的X射线图像，再将此图像与实际的晶体反射图像比较。如果两者不相符，科学家就要对模型进行修改，直到找到成功的模型。1953年发现DNA双螺旋结构的过程就是如此。罗莎琳德·富兰克林（Rosalind Franklin）得到了DNA的X射线图像，詹姆斯·沃森（James Watson）和弗朗西斯·克里克（Francis Crick）提出了成功的理论模型。

我们身体中的细胞在互相联系的组织和器官中以非常复杂、精细的方式组合在一起，因此，我们很自然就要问，这种错综复杂的方式是如何实现的。和有关太阳的问题一样，很多理论都在关心生命的起源。和关心太阳的很多理论一样，其中大多数理论并不是像人们听到的故事中所说的那样真的关心生命的起源。最终，人们得到了生命起源的科学理论。这些理论中的一个，达尔文的进化论，得到了大家的公认。进化论好像是纯思维的成功，在某种意义上也是比有历史记录以来还要久的研究项目的产物。这个研究项目就是农业——植物和动物的驯化和养殖。在有阅读、写作、数学，或者任何其他“追逐”文明的特征出现之前，就已经有了应用生物学。当然，这些人没有把自己看做是科学家，他们是农民和放牧者。他们通过实践发现，在某类植物或动物中，哪些会更有用（至少对想食用这些植物或动物的人类而言更有用）。通过有选择地饲养这些更有用的动物和植物，他们（也的确如此）的外貌、身高、体力、耐力，以及对喜欢的植物和动物的口味等一代接一代发生着改变。

为了与由农民和放牧者贯穿人类历史中的这种选择相区别，

达尔文将他的理论称为“自然选择”，不过，可以将农民和放牧者的这种活动称为“人工选择”或者“受控进化”。但为什么受控进化也会有用呢？达尔文提出，动物的特征信息是从其父母那里遗传而来的，并且达尔文进一步假设，这些信息在遗传过程中会有少量的随机变化。这个假设被现代的 DNA 研究所证实，这也成了进化论的坚实基础。遗传信息就包含在 DNA 中，而那些随机的变化，就被称作“变异”，是由 DNA 的损伤或复制过程中出现错误造成的。达尔文进一步提出，人工选择的作用就是，让某动物（对农民和放牧者）有用的特征的遗传信息在该动物种群中变得更普遍；此外，通过变异就会出现更加有用的特征（比如更长的羊毛，或者更温顺的绵羊，更大或更甜的苹果，等等），这些特征可能也是因为人工选择而在动物群体中变得普通。

达尔文问，假如动物和植物的特征是遗传而来的，那么，对那些没有受到人类活动的人工选择影响的野生动物群体又会如何呢？乍一想，好像什么都不会发生。没有人工选择，也就没有变化。动物为了将基因传递下去，必须存活足够长的时间，从而可以繁殖后代，但在野外，野生动物的生存是无法保证的。因此，即使没有人工选择，结果仍然是某些特征会比其他特征更可能地传递给后代。这些更可能传递给后代的特征，就是那些能让特定的动物或植物在特定的环境下更容易存活下去的特征，比如，羚羊更快的奔跑速度，狮子更锋利的爪，变色龙更好的保护色，等等。即使不存在强硬的人工选择，自然界自己也会对动植物施加自然选择，并产生类似农民和放牧者的人工选择造成的变化。在自然选择的压力下，动物种群和植物种群的特征会发生变化。新物种会出现，旧物种会消失。

请注意，我们讨论中使用的语言，包含了与在讨论“它是如何知道的”中同样危险的术语。我们用了拟人手法，说：“自然界自己”。而且，我们说：“自然选择”，就好像自然界有自己的意志一样。我们使用这些术语和概念，是因为对我们而言它们很容易，但这些词也带有娱乐和混淆的风险。我们将在最后一章中详细介绍。

变异发生在细胞层次上，使个体出现新的特征。但这些变异无法在整个种群中向横向扩散。你无法将自己的基因传递给你的邻居（实际上，有些细胞可以，但像我们这样的多细胞生物是不行的）。随着时间增长，新特征散播开来，并可能在将要出现的种群中流行起来。让我们回顾光锥的示意图：光锥可以充当说明成功的特征出现扩散的可能性的一个粗略模型，而且还是非常好的粗略模型（只是个粗略模型，群体遗传学能给出非常精确的图像）。

从中我们看到，进化产生的变化需要经过很多代，才能在物种中稳定下来。但达尔文生活的年代，人们才第一次知道地球的年龄非常大，而进一步的发现为他的理论提供了更坚实的基础。化石记录显示，地球上生命的延续，经历了大量狭窄的时期，发展出了很多不同种类的生物体。对 DNA 的研究让科学家能确定不同生物体之间的亲戚关系，并能将所有生物体放在一个庞大的族谱图中。

细胞、DNA 以及进化，好像离我们日常生活中的猫、狗、花、草等非常遥远，但通过间接的探测方法和理论发现的这三个要素，是现代生物学的根基。

作为对进化论的简单的科学讨论，以上内容应该足够了（如果有读者想要深入阅读有关这个话题的、大量研究的很好的书籍，请参见本书后面的推荐阅读书目）。不幸的是，进化不仅仅是科学话题，还是宗教、政治和审美之间的争论话题（与审美有关是因为，有些人觉得进化的观点非常美妙，而另一些人觉得“人类的祖先不是人”的观点很恶心）。因为进化论在别的场合被以非常不科学的方式对待，所以我们觉得有必要进行进一步的介绍。我们不会澄清所有与进化论有关的错误观点和说法（这需要的篇幅太多，除此之外，有人已经做过这样的工作了），但会介绍其中一种能造成混乱的方式——对科学术语的错误使用。

在各个领域中人们的努力下，创造了很多在各自领域内有特殊意义的科学名词和短语，这些科学名词和短语，有些是放在别的领域中会有别的意思，有些是还没有被普遍地理解。对这类术语草率的使用（或者是故意的，或者是非故意的）就会造成混淆（也或者是故意的，或者是非故意的）。在最后一章中，我们将就这个话题进行广泛的讨论，但此时，我们已经达到了回程路上最完美的例子，我们建议停下来，然后探索这种颇为烦恼的回顾。别担心，这不会大量耽搁我们的旅程，而且，我们沿途将会拾起一些有用的纪念品。

进化论中，第一个被严重滥用的概念是“适者生存”。这个短语在很大程度上被用来得到这样的结论，即生物在进化过程中会努力变成绝对最合适的生物或者最好的生物。然而，“适者生存”真正的意思是，适合当前环境的生物是最有可能存活下去的，即使从长远看来，使得这些生物在当前环境中能存活下来的那些特征，最终将会导致这些生物的后代衰落。

让我们以羊为例。我们会倾向认为，智慧和自卫能力是有利于生存的特征。这是正确的，除非某个物种已经被驯化而成为了提供食物的动物。如果那样的话，这些特征会使得这些动物个体在能繁殖后代之前就被杀。野羊比目前任何生活在农场中的羊都聪明，也更具进攻性。选择的压力（在这种情况下为牧羊人）与这些特征竞争，剔除掉那些危险的羊（目前已经不经常听到的一个短语），让其他的野羊更温顺（正是我们对羊的看法）。如果人类明天就消失，羊就会面临很多生存困境，因为羊在驯化中生存下来的特征，是无法适应野外环境的。

另外两个术语的混淆经常是结合在一起的："随机"和"变异"。变异是基因结构中发生的变化，也就是说，子代出现的基因特征在其父母中都不存在。最常见的变异是，在复制过程中的错误产生的遗传密码的变化。比如，某个 DNA 片段包含如下的核苷酸序列：

AAAATTTTGATCCTAA

但意外地被错误的复制为

ATAATTTTGATCCTAA

结果，产生的基因与原来的基因不同，将会成为其他种类蛋白质的编码。这种变化可能无关紧要，可能影响很小，也可能影响很大，还可能是致命性的，这与此类蛋白质在身体中的功能有关。大多数情况下，这种变异只是简单地从根本上阻止新有机体的发育，从而产生死婴或者其他等价物。只有生物体能成功存活下来并繁殖后代，变异才有机会进入到基因池中。如果发生了这种情况，变异与任何其他有机体在生命过程中一样经历着相同的考验。变异可能有用，也可能不重要。有些变异可能开始时并不重要，但后来在后代中变得重要。有些变异可能会进一步变异，产生意想不到的效果（如羽毛发展成飞羽的过程，就是变异从影响较小到有着重要影响的逐步变化的极佳的例子）。

请注意，变异在被遗传之前都要经历两种考验：第一，单个生命体是否能生存下来；第二，生命体能否存活到可以繁殖后代。这两个考验对那些随机特征的变异，是很强的进化过滤器。

现在，是时候对随机性做更深入的介绍了。我们在前面接触过这个概念，特别是在考虑真实的量子能级和不确定性原理时，我们需要再一次从这个层级上进行介绍。“这个层级”并非是指某种存在的基本面，而是指大量事件堆积的简单表达。

一个经典的随机事件例子就是掷骰子。以物理问题的角度来看待，每掷一次骰子，都相当于有个物体在特定的条件下运动。理论上讲，其结果是个可解的问题。给定初始条件，我们就能精确计算出，骰子下落后会出现哪一面。但现实中，这个问题非常麻烦，初始条件也很难测量，而且，微小的初始条件的变动会产生很大的影响，使得我们实际上无法确定结果。

因为无法预言结果，所以我们认为掷骰子的结果是随机的。变异也是如此，一系列大量、细微的事件，使得任何实际计算变得不可能。我们无法预言某个变异，也无法很容易地确定某个变异的影响。但我们可以检查遗传密码，看看发生了什么变化。利用正确的映射方法，我们就能知道，发生了变化的基因在特定的有机体内如何表达，但我们无法轻松预言它对生物会产生什么影响。

让我们举一个变异对生物体的生存机会没有明显影响的简单例子。假如决定某人头发颜色的基因发生了变化，使得其头发的颜色变成了亮蓝色。下面的事情发展与此人成长的社会环境有关，人们可能会避开他/她，或者觉得他/她很有魅力，或者觉得他/她与其他人无异。第一种情况下，这个基因被遗传的概率很小；第二种情况下，这种概率很高；第三种情况下，这个基因的变化没有影响。对于那些与人类不同，需要靠伪装手段来生存的生物而言，相同的变异可能会对这些生物能否存活到繁殖后代带来很大的影响，同样的三种情况会出现。与这些生物所处的环境有关，新颜色可能会妨碍伪装，也可能会更有利于伪装，还可能会没有影响。

从这个角度来看，变异存活的随机性就非常简单。它只有有害，有益，或者毫无影响三种情况。第一种情况，生存是不可能的；第二种情况，生存的可能性很大；第三种情况，与这个问题无关。换句话说，首先假设发生了该变异的某生物能成功存活，并假设这个变异不会阻止其繁殖，那么，这个变异被繁殖的概率取决于这个变异在该生物生存环境中的作用。

那些认为"随机变异是进化的机制"有问题的人，常常会说："复杂生命的出现不可能是一系列随机事件的结果。"但事物的随机方式，并非像这些人认为的那样。宇宙中的每一个层级的结构，都以下一层级为基础。生命的基础是化学反应。因为原子的量子结构，化学反应按照应有的方式进行着。在原子层级之上，生命大部分涉及的只是很少的几种化学元素：氢、碳、氧和氮。其他元素也会用到，但这四种元素的化学行为决定了哪些生命形式是可能的。这些元素之间的化合作用多种多样，但都是以少数几种化学键为基础。这些元素之间相互作用的方式以及所能建立起的结构令人印象深刻，但只有少数可能性是这些大量化学变化的基础。

在骰子的世界里，这是个很形象的比喻。如果我们掷一个骰子，结果可能得到 1～6 之间的任何数字。如果掷两个骰子，结果可能为 2～12 之间的任何数字；掷三个骰子，结果可能为 3～18 之间的任何数字；掷四个骰子，结果可能为 4～24 之间的任何数字，等等。如果掷 100 万个骰子，结果可能为 100 万至 600 万之间的任何数字。然而，如此广大范围的可能结果是以基本的 1～6之间的数字重复出现为基础的。

一个更极端的例子是，我们投掷 6 个有 10 面的骰子（数字 0～9），但不将每面的数字进行相加。第一个骰子给出十万位数字，第二个骰子给出万位数字，第三个骰子给出千位数字，第四个骰子给出百位数字，第五个骰子给出十位数字，第六个骰子给出个位数字。这会让我们只使用 6 个简单的随机动作得到了 0 至 999 999 之间的任何数字。我们再一次看到，细微的可能性的反复进行，就会得到大量可能的结果。

用这样的例子理解生命，最关键的就是，生命在相对较窄的可能变化的范围内依赖于每个层级的结构。正是这种随时间递增的改变和特征的集合导致了进化。单细胞动物不会经变异直接演化为人类。它们会一点点地改变基因特征，最终产生了依赖于个性专业化的细胞集落。然后，经过亿万年，这些细胞集落在生存压力下发生着改变，结果产生了比祖先要复杂得多的后代。

正是大量这种简单的可能性随时间不断重复发生，将不可能变成了可能。在上面那个掷 6 个 10 面骰子的例子中，出现所有面都为数字 0 的概率为 100 万分之 1。但如果投掷了 10 亿次，你会认为其中出现所有面都为数字 0 的次数应该为 1000 次。看着目前复杂的生命状态，你可能会说，随机性不可能导致出现这种状态。你是正确的。但数十亿年投掷大量的骰子，并且每次投掷后都保留了那些最好的组合，就有可能进化出某种与我们自身复杂性相当的生命形式。如果你没有考虑所有的可能性，就不会明白哪些是可能的，哪些是不可能的。

医学

生命科学很自然地将我们引向了人们在生活中曾经最关心的学科：医学。医学和进化之间为谁是“最古老的实践科学”进行着激烈的竞争。医学的历史同样与宗教和巫术有着亲密的关系，但这是其他更多介绍医学的文化基础而非科学基础的书籍的主题。

医学是因为对世界某个特殊方面有着特别的兴趣而存在、研究面很狭窄的精细学科的一个例子。我们介绍过的物理学、化学和生物学，都是研究领域很宽的学科。物理学中的分类——量子力学、原子物理学、力学、光学、电磁学、固体物理学、行星物理学、天文学、相对论、宇宙学，等等——或多或少对应着宇宙中不同层级的结构或者有着各自兴趣的不同的问题（但有相当大的重叠）。

其他学科中，也有按照对特定主题感兴趣而产生的分类。冶金学作为化学的一个分支，主要研究金属，并因为人类对金属的利用而具有历史意义。我们前面提到过的农业作为生物学的一个分支，也是由于人类的利益而产生。有两个原因使得医学有别于大量的动物研究而成为独立的领域。第一个原因是，我们对让人类活着（或者至少让某个人活着）有着特别的兴趣；第二个原因是，医学是有着最大感知世界的学科。

看起来好像是天文学和宇宙学的世界最大，从观测上讲，你可能是正确的。但日常生活中，我们每时每刻都在经历着医学中的感知世界。我们能感受到心跳，感觉到疼痛，我们在不停地呼吸。我们摄入食物，并进行其他与消化有关的活动。不论行走或睡觉，我们都处在医学的感知世界中。医学也有包含生死在内的给人印象最深刻的理论世界，虽然从宇宙尺度上讲，生和死很平凡，但对我们而言，它们却很大，很大。

医学是我们此趟旅行的终点站，这有两个原因。医学以一种其他学科无法做到的方式将我们带回到了感知世界，另一方面，它又将我们带回到了旅途中所有的其他科学中，天文学、量子力学、化学，当然还有生物学。

对天文学而言，卑微的 X 射线（并非真的卑微，而是我们太挑剔了，我们只能看到可见光），是揭示黑洞与吸积盘相互作用和骨折拍片时使用的相同波长的电磁辐射。

对量子力学而言，用来检验粒子物理学理论的加速器和癌症辐射疗法中用到的加速器的类型相同。

对化学而言，我们大部分都是 C、H、N 和 O。它们之间的化学反应让我们的生命形成成为可能。

对生物学而言，我们是生态系统中的一员。我们被迫进化，此外，我们还会对我们周围那些生物产生进化压力。

然而，因为是我们旅程的终点站，医学发现自己面临着与任何其他学科不一样的焦虑。第一个问题是道德上的。实施大量能告诉我们与人的生命有关的实验是不道德的。很多用人类进行的实验都很折磨人。医学不能，也不应该无所顾虑地在探测世界中扩张。它可能仅仅只是为了使病人恢复健康的实验。

在其他大多数科学分支中，就不存在这样的担心。核物理学家不需要任何担心就可以使原子分裂（除非是很多原子在很小的区域中，在非常短的时间内发生分裂）。有机化学家可以将分子分割为碎片，然后高兴地将它们扔掉。但医生不能对病人这样做。这意味着，医学知识和医学认识与其他任何学科有非常大的区别，它们很大程度上是在对流行的医学问题做出反应的过程中不断增长和进化。

第二个问题是（这个问题在生物学其他领域中也同样存在）隔离性和可重复性，这是探测世界的标志。电子与电子是相同的，但人与人之间就不是相同的。人体是个复杂的相互作用体系，利用大量不同的部位去实现即使是最基本的功能。以消化有问题的人为例。这个问题可能出在嘴部、胃、肝脏、胆囊、肠道、某些激素腺或者神经系统上，也可能是过敏症，或者可能是受心理状态影响。

将各种因素和原因在医学上分开很困难。两个人的症状相同，可能是因为他们分别患上了完全不同的疾病。医学检查——需要知道寻找什么和检查什么——是种艺术。两个受到相同训练的医生，对确定某个疾病起因的能力可能很不一样。此外，基因组成不同的两个人，对相同的治疗方法的反应也可能很不一样。一个基因不同可能就会造成康复与恶化之间的区别。

第三个问题是个长期效应。一种医学疗法可能在体内产生变化，这种变化可能在很多年，甚至很多代中都不会显示出来。人的生命很有限，不足以用来开展某种新疗法的长期效应的研究，特别是这种新疗法的出现是为了解决当前主要的健康问题时。

这三个困难解释了为什么医学中很多治疗方法有时候是好

的，有时候是不好的。这个 10 年内看起来是好的疗法，由于长期效应，到了下个 10 年中可能就成了不好的疗法。有时候对某代人来说是非常好的药品，会成为下一代的祸根。其他情况下，某些疗法因为只在一部分人中试验过而被过度使用或被忽视。通常，医学研究中一个普通问题不足以扩展实验对象的基因多样性。

人体试验中带来的不道德的难题，在不同的方向上都同样严重。在某些臭名昭著的例子中，有些医生在没有得到病人的同意下就开展人体试验。实验人员通常把这些问题看做并非真是非人类的，而辩解为合法。对非洲裔美国人中梅毒的研究和辐射对发育性残疾儿童的影响的研究，就是以这种非人类的方式出现的。

医学中处理这种难题的第二种方式同样很危险，就是有些医生太迷恋于理论，以至于会进行不合适的试验，并投入和使用某种疗法，而不顾及后果。所有科学分支中，人们都常会爱上理论，并努力发展理论，而不顾实际情况或者检验结果。就此而言，医学是最危险的领域。20 世纪早期，精神疾病的治疗方法就包含前脑叶白质切除术。这种方法虽然符合某些人的理论，却不顾这种“疗法”可能带来的严重后果。

我们不希望听到，我们的医学在走下坡路。但我们并没有走下坡路。尽管很困难，医学依然为以理论理解和探测为基础的科学教育提供了最好的论据。因为这个科学分支每天都在以强迫我们做决定和询问有根据的问题的方式影响着我们的生活，我们无法明智地将科学看做是与“现实生活”没有关系的抽象的努力。聪明的人，不但想要知道医生向他保证的会有效，还要知道它是如何起作用的。如果你想要将自己或者你所爱的人的生活交到某人手中，你需要了解更多，只知道这个人有好的态度是不够的。

正如我们在前面说过的，我们已经到达了旅行的终点站，我们已经从空旷的暗能量回到了恒星，回到了行星，回到了地球，回到了让生命变得可能的化学，回到了生命自身，回到了与我们自己的生活有关的医学，并到达了……

我们究竟在哪里？

我们回到了人类尺度，即我们在本书刚开始时就遗忘的地方。在人类尺度上，有种工具，能用来探测宇宙，并能观察到宇宙的某些特征。你正将它拿在手中（除非你是在屏幕上阅读），那就是本书。科学书籍可以被认为是一种探测宇宙的工具。它们都是了解宇宙信息的间接工具。

书籍和文献是了解宇宙信息最常用的工具。科学家一直在使用书籍和文献让知识和实验结果得以传承和分享，这保证了每位科学家不需要重新发明车轮，不需要重做确定地球直径、AU 长度、光速大小、宇宙曲率，等等的实验。书籍和文献同样保证了如果某位科学家想重做这些实验中的任何一个，他/她应该知道如何做。

但人们又如何能确信，书籍和文献中的内容一定是正确的呢？

简而言之，"书籍是如何知道那些的？"

第 14 章　科学，就是如此

我们两人以前都没有写过科学书籍，但作为一名科学家和一名作家，我们各自知道一些有关科学和有关写作的东西。好像将这两者结合起来，会是件很容易的工作，但科学和写作之间有个重要的冲突很少被人们承认。作家努力创造容易流通的作品，以便读者能简单地坐下来，细细品味作者精心创作的情节，即使其中的情节好像很奇怪。写作的目的之一，是要能很容易地吸引读者。科幻小说中用到的一个方法是，作者会鼓励读者停止怀疑。也就是，即使从真实世界的标准看来，某些作品是荒唐可笑的，但这些作品会创造一个在读者脑中好像是很自然的世界，读者都会赞同，虽然这个世界会一次又一次地违背自然规律。

科学的要求与此相反。在科学知识中，人们必须保持怀疑的态度。人们必须对“你是如何知道的”这个问题的答案保持相当的怀疑和坚持。

在更小的范围内，写作通常是通过一个想法接着一个想法，一个句子接着一个句子，在人脑海中建立起一幅图像而奏效。行文流畅是好作品的一个特征，编辑们会因为某个句子破坏了这种流畅性而大叫大嚷。另一方面，科学则更显得断断续续，科学的节奏是“挑战—回应”、“问题—答案”。这好像是科学的流程，但在科学的“后退—前进”节奏中，有听不见的节拍：挑战、暂停和思考、回应。出现问题、设计实验、建造实验设备、开展实验，以及回答问题。有时候，那些听不见的节拍会持续一生。

前文中，我们一直在为一个重要的写作目标而努力，即通俗地表达科学思想。这么做时，我们就很依赖于写作，为了表达一些非常难的科学内容，我们使用了写作中的一些方法。我们用了形容、图像、比喻、幽默，此外还有传记、历史，甚至在最后还用了一些冲突。我们还依赖于这么一个事实，那就是，所有的艺术作品都善于抓住人们的大脑。但是，只有在写作中，人们才能将思想写下来，并呈现给读者（要在电影、绘画或雕塑中达到这个目的，是很困难的）。我们利用了写作的这个优点，既用它来讨论科学，又用它来讨论科学家思考的方式。

此刻，我们将暂时停止采用写作的这个优点，因为我们需要概述它的缺点。之所以需要这么做，是因为正如我们在前面提到过，写作的方法与科学的方法之间存在冲突，而且，这个冲突有时候对科学而言是个很大的障碍。在这个冲突中，科学常常是失败者。对大多数人来说，“暂停怀疑”要比“暂停相信”容易得多。对于阅读小说的读者而言，这很好，但对那些想要了解真相的人而言，就不好了。

确实，我们将真相说成是科学思想的模型，这些科学思想是大多数科学家认为正确的，而且就我们所知，这种说法以前从没有如此安静地被提出过。“三类世界”是我们自己的发明，是一种共享工作方式和思考方式的形象表达。但我们没有提供，也不会提供证据来证明这也是每位科学家所认为的他们自己的工作方式。这当然不是。总的来看，这是科学家广泛共享各自使用的周密的思考方式的形象表达。但这种“形象表达”自身和“三类世界”术语是新的。

此外，真实情况和小说之间的分界不是一条明显的线，而是一片模糊的区域。过时的历史小说与文献纪录片以及信息娱乐片中的新时尚，常常以人和观点的生动的图像或者幽默的形象，或者时尚的形象取代准确的描写。科学写作中也有这种形象化的描写。只是为了让故事“更有趣”，大部分科学作品牺牲了科学上要求的准确性。这再一次显示出了基本的冲突。对科学家来说，努力解开世界运行的规律是他们的本职工作，无论是得到包罗万象的全宇宙典范，还是只是其中很少的一部分。昆虫学家可能会耗尽毕生精力去识别昆虫中某个物种的生活方式，并因其工作细致、彻底而被赞扬。理论物理学家可能用一生的时间去弄清楚从某个理论能得到哪些结论，以便能设计实验来反驳这个理论。对科学家而言，他们的一生过得很有意义。但从讲故事的一贯标准来看，这种“有意义的一生”可能会被认为是“悲剧的一生”。

听起来这好像是有点审美上的小冲突（除非你是那种轻视生活的人），但面对那些想要了解科学知识但又不想成为科学家的人，科学写作还有很多严重的问题。这些问题出现在与科学有关的书籍和文章中——简而言之，出现在此类作品中。为了娱乐，这些问题基本上存在于将科学模糊化的过程中。这造成了对真实世界中现实的不关心，因为通过科学，正如我们在开始时说过的，我们得知了很多真相。但如果科学被说成了某种形式的娱乐，那将会发生什么呢？好吧，让我们引用科尔·波特（Cole

Porter）的经典歌词：

你是否听说过？它就在星星里。

明年七月，我们将与火星相撞！

哦，你是否曾经听说？

这是多么精彩的聚会啊！

当然，这些歌词完全是夸张的描写：这两个人太愚蠢了，他们完全不知道他们来回传递的“消息”，如果是真的，将意味着他们和他们所认识的任何人都已经是“死到临头”了。但这种夸张的手法，非常准确地描述了很多科学新闻故事中的一个极其明显的缺点。当我们传播这些故事时，我们常常会说“科学家说……”或者“科学家发现……”总之，这些故事中所缺乏的是，它们无法为“他们是如何得到的”这个问题提供精确的答案。

“他们是如何得到的”这个问题既是科学的核心所在，又是最终会犯错误的问题，晦涩难懂的表达、不连续的情节，都是编辑对作者吼叫的原因。没有什么能比“精确解释所有的物体从何而来以及为什么物体会按照它们该有的方式运转”更能破坏一个故事了。换句话说，我们撰写了一本以弄糟书籍的内容为中心的书，这很疯狂。但我们还要更疯狂。我们认为在非小说中，特别是在非科幻小说中，需要更多这类问题，而不是在小说中，因为小说中的解释只是为了使行文更流畅。

对少数不满的科学家而言，这听起来像是无法忍受的事。如果大部分人将科学看做是电视机里的另一场灯光秀，或者杂志中的另一个故事，那会产生什么样的差别呢？正如我们在上一章中所介绍的，这会产生很大的差别，因为科学并没有与我们的日常生活分离开来，然而，用娱乐的标准对待严肃的东西，是非常糟糕的方式。例如，你肯定不愿意医生在给你治病时，以那些新闻中报道最多的疗法或者有着最好的特殊效果的疗法为基础。

当然，一篇可能会出现在报纸或者电视新闻节目中的短文，篇幅是非常有限的，但我们认为，至少其中一些篇幅应该用来介绍更多有关探测技术的内容。这不仅仅是因为探测世界是科学中很重要的一部分，还因为探测技术是很多不同实验、很多不同科学领域，以及我们日常生活中很多不同方面所共有的。

例如，我们前面曾经介绍过多普勒效应，以及如何应用多普勒效应测量速度。将多普勒效应与开普勒定律结合起来，天文学家就能得到双星系统中成员星的质量，还能发现地外行星的存在，并得到这些地外行星的一些性质。将多普勒效应和哈勃定律结合，天文学家就能计算出遥远的类星体和超新星的距离。在日常生活中，警察利用多普勒效应测量汽车的速度，气象学家利用多普勒效应测量云层的速度。多普勒效应，如果每次都能被准确地报道，那就是科学新闻故事中探测技术的一部分，既能为读者将科学中不同的部分联系在一起，又能将科学和日常生活联系在一起。每个故事都不再是个孤立的事件，在传递这些故事时，读者不再只限于“科学家说……”而用“它是这样发生的……”，而且，如果报道中有某些奇怪的内容，读者可能会说：“嘿，我真不知道多普勒效应对此也适用。”然后说，“或许我应该发现更多。”

科学的外观，表现为一系列孤立真相的集合，忽略了不同的科学领域之间既美丽又实用的联系，这种联系正是探测世界的标志。孤立性严重削弱了对测量的理解和应用，也造成了一幅非常有限的、被曲解的理论世界的图像。很多曲解与“理论”一词的意义不明确有关。让我们考虑一下“事实”和“观点”之间的区别：“事实”是正确的，而“观点”则是某些人认为是正确的东西。观点可能是对的，也可能错的。可以认为所有实验都是“事实”，而所有理论都是“观点”来将科学与这种模子相对应，这是非常吸引人的。科学理论由实验来检验，检验失败的理论就会被抛弃，而通过检验的理论就比以前有更高的地位，就会离事实更近，离观点更远。将某个理论的地位看做是处在一个连续体中的某处，这个连续体的一端为“原始推测”，另一端为“事实”，这可能是最合适的。被很好地检验过的理论，比如物质是由原子组成的原子理论，被认为应该就是事实。

不幸的是，“理论”一词并没有包含这层意思，这个问题也无法通过换一个词来轻松地解决。因为某理论的地位会随着实验证据的增加而慢慢地改变，无论这些实验证据是支持还是反对该理论，某理论的地位不可能在某个特殊位置突然由“观点”变成了“事实”。

这种情况，在数学上就有所不同了。数学中，对数学事实有个不容置疑的证明，即数学证明。没有被证明的数学思想叫做“猜想”，它仅仅是观点的专业数学术语。一旦被证明，这个数学思想就被称为“定理”。定理是事实的专业数学术语。除了数学，别的领域再也没有这么明显、绝对的“黑白分明”。其他所有的东西都是慢慢改变的。

“理论”一词的含义不明确，为讲故事的人创造了可能性。讲故事的人用自己的工具创作不一定是非真实的文章，给读者造成了一些错误看法。特别是理论会导致三种易犯的错误，这些错误会出现在科学新闻故事中：①夸大争议；②过分夸大实验结果；③过度吹嘘推测的结论。

错误①的一个例子在讨论宇宙年龄时就出现过。在发现暗能量之前，宇宙年龄的估算值以大爆炸宇宙学为基础，但该估算值好像比球状星团中一些恒星的年龄还要小。观测结果不足以表明两者有明确的分歧，但宇宙学理论和恒星结构理论之间有冲突。其中的一个理论（或者两者）需要进行修改。这是个非常有趣的问题，在很多报纸中都有过报道。但许多故事却成功地传达出“整个大爆炸理论有问题，而且这个争论可能会否定大爆炸理论”的印象。

很少有报道介绍大爆炸理论时是有着坚实的基础，并有很多精确的天文观测支持的（在我们讨论星系的运动和 CMB 中会看到），因此，对这个争论的任何解决方法都将涉及对大爆炸理论的修修补补，而不是抛弃大爆炸理论。

对于错误②，过分夸大的一个很好的例子是在对黑洞的观测中。作为天体物理学中的一个概念，黑洞最初被认为是十分奇怪的，人们很快就想到黑洞是观测到的类星体和活动星系核的标准解释。理论要成为事实，并不需要穿过明确的界限，没有特殊的检验能终结所有的争论。虽然如此，介绍黑洞观测的故事常常会写为，这类观测是用来最后确认并证明黑洞的确存在的。实际上，对观测的过度放大导致人们这么认为。科学中，没有一个结果能直接产生让人们接受的情况，因为任何实验都有潜在的缺陷。你需要从不同的源中得到大量的数据，而不仅仅只是一个有希望的实验。

对错误③，过度吹嘘推测的结论，有一个有用的例子。它来自于一群有关粒子加速器中产生黑洞的概率的报道（在撰写本书时，这些报道仍在继续）。按照科学家所说，位于瑞士地下隧道中的一个大型粒子加速器可能会产生微小的黑洞，这听起来的确让人印象深刻。然而，这种情况下的科学内容是，如果一个特殊的、完全猜测的、完全没有得到检验的粒子物理模型是正确的，并且如果这个模型中那些完全没有被测量的参数有特定的值，那么，黑洞可能会在这个世界上最大的粒子加速器中产生。这两个"如果"非常大。虽然它们没有"如果在海岛下有个怪物，并且如果原子弹爆炸试验将它唤醒，那么这个怪物将会横冲直撞，摧毁东京。东京的居民不知道什么原因而说着蹩脚的英语，除非你得到了导演剪辑版"中的两个"如果"那么大，但它们仍然非常大。

我们并不想被看做是在对物理学家的理论工作挑刺。他们是通情达理的科学家，有着有趣的理论想法。但这些报道，并没有解释这些想法是具有推测性的，而是为了让所有的事情变得好像非常激动人心，就像它们真的是如此。

上面列举的问题听起来微不足道，因为上面那些新闻故事报道的用意是真心的关心这些科学家，希望跟随着科学家的事业，并试图了解他们所在的领域中难以捉摸的问题，尽管这些与科学家有关的故事都努力想要"更好地讲故事"，以至于产生了一些不可靠的印象。然而，这种类型的科学故事讲述并不能帮助公众成为有科学素养的人。那么，老百姓没有科学素养会带来什么大问题呢？又会有什么危险呢？很多。在当今的民主国家中，公民（最主要的是有选举权）在从全球变暖到干细胞研究的很多有科学成分的政策问题中参与决策。

除此之外，政治小册子和广告宣传使这类自称为科学但实际上并不是科学，而是令人厌烦的“故事”充斥在我们的日常生活中。读者需要科学素养，因为这些故事不仅仅是为了在剧本中使用，还会故意误导人们，目的是为了否定进化或者全球变暖，或者是出售最新的“营养补品”。

为了说明这个问题的严重性，我们必须深入探究伪科学这个令人很不愉快的话题。

写作有这么一个很重要的原则：写作内容的真实性或者虚假性，对作者让写作内容变得可信的能力没有影响。这是因为，内容是否可信要看读者的主观判断，这是以读者对接受哪些内容感到舒服，以及他/她接受哪些内容为真实的内容。

并不只有写作是如此。任何艺术形式都能让不真实的事情看起来是真实的。当写下这些内容，就好像在计算机屏幕上出现了一个带翅膀的人的美丽图像。这个图像是没有现实基础的，但它好像是真实的。画家、雕刻家、操纵木偶的人，还有动画片绘制者，都在努力创造被观众认为是真实的、看起来是合理的对象和生物。这正是艺术要做的事情。艺术创造出那些看起来真实，实际却不真实的东西。只要真实的和非真实的东西之间不相互混淆，就没有什么问题。但很久以前人们发现，这些艺术能让这两者发生混乱。因此，我们有宣传图片和宣传作品，有做过手脚的照片、编辑过的音频和视频，等等。

在科学内部，科学用恰当的方法和方式去检验所做内容的真实性，从而努力避免过度陷入此类操纵。科学史上曾有过几次这样的例子，但都及时改正了错误。

在科学外部，科学被看做是一个奇怪的世界，里面有很多奇怪的人、奇怪的故事和宣传。请记住，最普遍的宣传对象是这些很奇怪的人，这很重要。他们不是很令人烦恼/很有吸引力吗?你想/不想做他们所做的事情吗?

尽管前面我们对科学新闻报道有所抱怨，但是，原则上来说，我们已经成功地将科学和新闻报道很自然地结合在一起。两者都试图解释世界是什么，都努力要表达真实情况，并且都公开反对对证据弄虚作假。就弄虚作假而言，新闻界和科学界都有自己的惩罚方式。有弄虚作假，就有“讲述故事所有的方面”。对新闻记者而言，后者听起来很好。如果一个人介绍一件事情，而另外一个人介绍相反的事情，这才会带来“好的故事”，而且，如果真相并不是很明显，如果讲故事的人缺乏区分一个方面与另一个方面的方法，那么，很多新闻记者会默认地介绍两个方面，或者如果一个方面被普遍接受，那么，这个故事另一方面的存在会让这个故事成为一个好故事。

为了能辨别某人是否能平等对待某个科学争论的两个方面，有种识别它们的方法是很有必要的。在本书中，我们已经提出了问题“你是如何知道的”的科学标准。按照这个标准，作者写文章时就要更长、更辛勤，读者也会对其中的具体细节产出更大的兴趣。听起来这好像是不必要的负担。但让我们考虑下，如果没有遵从这样的标准，将会发生什么。如果使用的只是写作的标准，那么，剧本和表象就会胜过专业的认识和严谨的分析，表象就会胜过探测。我们将会看到，沿着这条路走下去，就会让垃圾科学和伪科学拥有了合法地位。

弄清楚世界的本质是科学与世界发生相互作用的一种方式。科学家用我们前面介绍过的三类世界中“观测、理论、实验”的流程来开展工作。但在其他大多数人看来，科学是什么呢？当宇宙在科学家头脑中嗡嗡作响时，科学家看起来正在做什么呢？这好像是个很奇怪的问题。与此相同，一名演员能饰演一个与人完全不像的角色，没有任何科学内容的非科学也能通过模仿科学的外衣而假装成科学。那么为什么会出现这样的情况呢？因为人们通常很相信科学，披上科学的外衣可以使人们相信很多完全不真实的事情。

为了理解这样的冒充是如何让人们记住不忘的，让我们看看科学的外部标志、服装、道具和布景。最简单的道具是“科学家”一词。很多新观点和新研究的报道，都是以这类话开始“科学家已经确定……”，后面跟着被认为是科学研究结果的概括，但对详细内容或方法甚至具体是哪位科学家，报道就非常少了。那些科学家，可能是有着新宇宙学理论的植物学家，他们的这些新宇宙学理论甚至还没有被宇宙学家看过。究竟什么能让人成为科学家，并没有广泛被接受的定义。学位在科学上是有用的，但也有一些业余科学家，他们在过去做过很多重要的工作。因此，“科学家”一词可以用来加到任何人身上。

和“科学家”一词有关的是“博士”这个头衔。几乎任何领域都有博士学位。拥有博士学位的人，可能在巴赫的音乐方面是个世界闻名的专家，但这并不意味着他对宇宙基本结构的新理论会比某些在大街上夸夸其谈，没有获得学位的人更有分量。博士学位代表在某个领域里有专门知识。这个问题经常会被问到：“哪个领域？”

科学外表中其他普通的外部标志包括名称制度、设备图像以及电影科学家和电视科学家陈旧可靠的道具，即实验服。差不多一个世纪里，穿着白色的实验服都让人们看起来像科学家。当然，目前大多数真正的科学家——除了医学博士——已经不再穿白色的实验服了，他们更常穿普通的衣服（我们不讨论科学家总体的着装水平）。

对外行来说，最厉害的道具，也是最难对付的是对数学，特别是统计学的应用。大部分人与数学有关的经历集中在学生时代老师布置的数学问题，这些问题有着简单的正确的或错误的答案。这使得大量即使是最恐惧数学的人都有种连经验丰富的数学家或者科学家都没有过的单纯信念。

但丑陋的事实是，通过对数字进行不诚实的人为操作从而使得研究结果看起来是某些人希望的结果，这常常是可能的。有些专门介绍这类数字欺骗的书，因此我们并不会对此进行过多说明，但我们会举一个例子。首先，假设我们想知道某个地区的平均房价是多少。进一步假设，有 5 栋房子的价格为 20 万美元/栋，另外 5 栋房子的价格为 30 万美元/栋。此外，此区域有 1 栋大厦的价格为 1000 万美元。那么，该区域的平均房价是多少呢？这依赖于“平均”这个词的含义是什么。统计学家的工作中有很多不同种类的平均。最普通的是平均值（mean），通过将所有的数字相加并除以数字的总个数而得到（这种情况下，有 11 所房子，数字的总个数就是 11）。结果为：

$$[(5\times200000)+(5\times300000)+10000000]/11=1136364$$

用这种方法计算平均价格的人就会说：“平均房价超过了 100 万美元。”这虽然表面上是正确的，但却是很大的误导。

更好的价格指示器是中值平均（median）。实际上，房价通常用这种平均来表示。对中值平均来说，按照顺序从最低往最高排列，然后挑出处在列表中间的值。这种情况下，平均房价就是30 万美元，这能更真实地代表这个地区的房价。

大部分科学研究，特别是那些课题复杂的研究，包含了很多不同的数字，因此，此类操作能很容易地进行。但同时也造成了很难辨别真正发生的是什么，特别是在报告没有介绍得到这些结论用的是什么方法时。如果你写篇论文，以解释这个问题开篇，先解释你的答案，并用专业术语和理论来扩展论文，但又没有论述观测和计算，你就会产生这是一个科学报告的假象。虽然你无法欺骗专家，但会欺骗其他很多人。

这将我们引向了很不愉快的主题——垃圾科学（junk science）。垃圾科学是建立预想观点的科学——不是检验观点，而只是为了建立它，不管是否经得住实践的检验。而正确的科学正是要试图检验观点。垃圾科学的报告实际上是反向写的。结论事先已经确定，然后再做能得到这个结论的实验。垃圾科学非常丑陋，非常有害，一般来说有三个起因：依附理论，有偏见的研究选择，以及十分陈旧的道德规范或缺乏道德规范。

当某人爱上某个想法，而且无论证据如何都不愿意放弃这个想法时，依附理论就会出现。这个人会做任何事，以证明这个想法是正确的。这是关系失调的学术形式。学术将一切都放入到理论中，而理论则给不出任何结论。在科学史上有很多这样因强烈喜爱而变得悲剧性的例子。爱因斯坦由于量子力学的随机性而反对量子力学就是个很著名的例子。我们也介绍过，爱因斯坦自认为他自己一生中最大的错误就是在场方程中加上宇宙学常数项。考虑到有太多的人拒绝相信爱因斯坦，因为他们都将自己附着在了牛顿理论上，这是很具有讽刺意味的。

有偏见的研究选择与依附理论是有关系的，但更普遍的是，它有个由来已久的起因。偏见选择者只是简单地从其他人的结果中挑选出那些符合他/她的理论的结果，而不是事先决定结果，创造实验。有偏见的研究选择在人们试图拒绝相信不受欢迎的科学时也会发生。20世纪60年代人们代对早期人类生态学家蕾切尔·卡森（Rachel Carson）的诋毁就归属于此类。

比垃圾科学离真正的科学更远的是伪科学（pseudoscience）。伪科学的标志是“失败之后的辩解”（after-failure justification）。当某个研究或者实验未能得到预期的结果，伪科学家会提出“为什么这次研究或实验没有得到想要的结果”的解释。这个解释，既不是由对实验进行仔细研究分析后得出的，也不是从新实验中得到的。相反，这个解释将会被用来作为对“扔掉这个令人反感的结果”的辩护的手段。换句话说，伪科学的特点是，根本不关心对自己观点不利的所有事物，而是立即拒绝这些事物。这比垃圾科学中的依附理论要更极端，与在打闹中用枪对决同样极端。

举一个伪科学的例子：20世纪40～50年代原苏联农业的失败。这归因于生物学家特罗菲姆·李森科（Trofim Lysenko）失败的理论。他认为，获得性特征——不仅仅是由基因决定的那些特征——也能被遗传。这个进化理论得到了斯大林的大力支持，因为这与共产主义理想相符，尽管与实际的观察不符合。这造成了灾难性的农作物歉收，并导致了一些地区的饥荒，而这些地区曾经是广大地区的粮食来源。这是政治力量和军事力量用于支持依附的一个例子。很多反对李森科的生物学家，有的被流放，有的被关进劳改所。很多年以后，这个理论才被从重要位置上移除，但它在现实世界中的后果并没有消失。

有很多反对伪科学的书籍，而且有相当多的人和机构奉献时间和精力去揭露各种不同的伪科学（我们在推荐阅读书目中提到了一些），因此，我们没有必要在此详细介绍，而是将剩下的精力去讨论如何获得真实科学中的信息，尽管科学新闻故事常常用很肤浅的方式表达出来。

抱怨之外

对于报纸上的科学故事中存在的问题，我们能做些什么呢？在前面的内容中，我们站在作者的角度概述了一个解决方法：我们建议，故事中应该更多地介绍探测世界，并对“他们是如何得知的”这个问题给出更彻底的回答。然而，我们并不期望很多记者会屈尊接受我们的建议。毕竟，他们已经从事本职工作很多年了。为什么他们应该鼓起巨大的勇气，听科学家和作家告诉他们如何开展自己的工作？

因此，我们打算探究这个关系中的另一方面：读者。我们为阅读科学书籍和文章的读者提出建议。我们建议他们“暂停相信”，并强烈质疑“他们是如何得知的”。如果他们无法告诉我们“他们是如何得知的”，那我们为什么要相信他们呢？

听起来这可能更像是对某个人的抗议，而不像别的，但它实际上指出了感兴趣的读者除了抱怨，还能做些什么。在这个问题之后的过程中，第一步是回想。这些天我们用“媒体”一词简单地作为“报纸、广播和电视”的统称，其实，“媒体”一词有更广泛的含义。媒体是中间人或媒介者的另一种表述。这样说来，科学新闻故事就是科学家和科学读者之间的中间人。很自然地，我们接着就会问这样一个问题：如果我们不喜欢报纸作为中间人，那么，还有哪些其他的媒介可用呢？我们还可以考虑专业的科学期刊、科学杂志、书籍和互联网。

科学家都希望将自己的工作发表在专业的科学期刊上。实际上，学术界中可供选择的是“出版或消亡”，这是陈词滥调。然而，科学家之间共享科研成果的报告，与面向大众的报告完全不同。这并不是为了要保密，而是因为同行业中的人们能以更简洁的语言进行更快、更有效地交流，但对不知道这些专业术语的外行人来说，就不会明白。利用更快的交流形式，科学家只能发送几行字，就包含了大量解释内容的电子邮件。当提出一种新理论、开展一项新实验或者发现新结果时，科学家将会写成形式非常专业、内容非常详细的说明性的论文。不幸的是，即使是对研究领域稍微有些不同的其他科学家而言，这些论文都是非常难理解的。专业科学期刊不适合作为科学家与科学读者之间的交流媒介。

科学杂志对受过科学教育的外行而言是比较合适的。科学杂志的写作深度和你正在读的这本书的深度差不多，并有特定层次的读者群体。科学杂志文章的作者，通常是那些认为其工作或者发现可能引起公众广泛兴趣的科学家。在这些文章中，一般对实验技术和理论基础有较详细的介绍。遗憾的是，这些文章有时候写得非常枯燥，因为科学家通常不是训练有素的作家。尽管有这个风格上的缺点，但读者经常能在这样的杂志中找到能回答“他们是如何得知的”这个问题的答案。对科学读者和某个领域之外的其他科学家而言，科学杂志是最好的来源。

对书（更具体地说是科普书）而言，很显然我们非常喜欢这种媒介，因为这正是我们的选择。许多科学家和作家选择撰写科普书籍，这是很令人鼓舞的。我们希望他们其中一些人会发现我们的“感知世界、探测世界、理论世界”的分类是有用的。我们期望甚至会有更多的人明白“他们是如何得知的”及其答案是一种有用的介绍科学的方法。我们会说，这种交流方法最有用的可能是，它比看起来要难得多。(请别让我们开始了!)

不幸的是，这些媒介中没有任何一个表达了以下这个我们能经常在自己身上发现的情况：我们阅读报纸上的科学文章，发现了感兴趣的话题，但由于它只提供了很少量的信息而失望，特别是文章中缺乏足够的信息来回答“他们是如何得知的”以及“我们从哪里能得到那个特定话题的更多的信息?”可能没有任何一本科普书是介绍这个话题的，即使有，我们可能也不想读完整本书，而只是想得到这个话题的答案。科普杂志中可能没有任何一篇文章是介绍这个话题的，即使有，我们又如何找到它们呢?

我们可以通过互联网。互联网上有海量的信息，这些信息就像拓荒之前的美国西部传奇那样，是开放的。我们能在互联网上找到我们想找的信息吗? 如果可以，去哪里找呢? 事实上，我们需要可靠的信息，而且我们还想能很容易就找到这些信息。好消息是，在互联网上有可靠的消息，而且互联网上的信息都可以很容易地找到。而坏消息是，这两个标准之间有某种平衡。让我们检验三种互联网科学信息来源：科普宣传网站（outreach websites)、维基（wikis)、搜索引擎。

“科普”是科学家用来将他们的成就介绍给公众的一种形式。尽管网站不是唯一的宣传形式（另一种形式是公众演讲)，但却是最容易获得的。科学家个人可能会将科普材料放在自己的主页上。但大的科学家团体，特别是科研机构或者大的实验项目，通常都有专门的科普宣传活动，常常有一个或者多个职员，专门负责协调并维持科普宣传网站。这类科普宣传网站是互联网上最可靠的科学信息来源。然而，如果有人想寻找特定的信息片段，那么，哪个科普宣传网站可能含有这样的信息和如何找到特定的网站就不是很明显了。此外，正如科学家的形象一样，建设看起来与科普宣传网站很像的网站，十分有可能推动的是日程、伪科学，或者其他我们以前提到过的科学欺骗（science-spoofing）。如果有人发现了此类网站，并弄清楚是谁负责的，这是非常重要的。就有争议的话题来说，这个做法尤其是正确的。

“维基”是访问者可以添加、编辑以及改变内容的一类网页。原则上讲，这是非常有效、非常快速地积累信息的方式，特别是在新的和快速改变的领域中。然而，同样是原则上讲，这也是一个信息的质量和准确性很难得到保证的系统。最后，维基网站的质量取决于其贡献者的专业知识和善良的动机，以及网站管理者的管理质量。对维基类网站，我们没有进行过任何系统性的研究，但我们自己使用维基网站作为科学信息来源的经历说明，它们是值得肯定的。很多维基网站，不但可以阅读文章，还可以与贡献者进行讨论，这样就可以更好地理解为什么某些概念出现在文章中，而其他的却没有。这些讨论也可能是有趣的。

用户将一个术语输入到搜索引擎中，搜索引擎就会寻找包含这个术语的网站。这是最简单的搜索信息的方法。但本质上讲，搜索引擎无法保证找到的所有网站中信息的准确性和内容的质量。看看是谁的网站以及是什么内容，会对判断信息是否可靠有非常大的帮助。无论如何，除了其他内容，搜索引擎找到的内容常常是与科学有关的科普网站。

无论使用的是什么媒介，重要的是，科学家和科学读者不会感觉会被报纸上的科学报道中的方法和习惯所限制。真正开展的科学研究远比常常看到的科学报道要宏大、漂亮。用一群断开的句子“科学家说……”来报导科学，让人无法理解错综复杂、相互联系的知识网。这个知识网是由感知世界、探测世界和理论世界组成的，并在回答“他们是如何得知的”这个问题的过程中得到阐明。

单独看到一个新概念，就像是听到一个纯音，只会在脑中留下愉快的声响。但如果在了解其他音节的情况下听到这个音符，人们听到的就不仅仅是这些音符，而是可以用这些音符来唱歌。宇宙是和谐的。在每级结构中，这级结构中的物体——场、粒子、原子、分子、细胞、生命形式、恒星、星系——互相作用形成新的物体。对思维而言，这也是适用的。某个想法可能很聪明、很有趣，一个好故事，一个“哦，你是否曾经听说?”

但很多想法能非常协调地组合在一起，很多“什么”通过“如何”联系在一起，能增长全新层级的理解，这个过程持续的时间要比某个单独互换或某篇文章长得多。本书中最古老的科学部分要比人类的历史更古老，最新的部分是目前正在进行的研究工作。而它们都被串联在了一起，成为了一个整体，这个整体与其他想法接触并与其他想法相协调。向外，科学经由它的三类世界而到达真相的世界；向内，科学通过提供它的三类世界——科学答案、科学问题，更重要的是，从科学问题得到科学答案，再到下一个科学问题的方式——从而进入人们的头脑中。这就是“他们是如何知道的”这个问题的答案。

简明天文学术语表

吸收线 弥散物质光谱中的暗线，是由物质中的原子吸收了特定波长的光产生的。

吸积盘 围绕白矮星、中子星和黑洞的一团环形的气体云。

活动星系核 简称为AGN，星系中心区域。这个区域由于吸积盘中的物体被星系中心的超大质量黑洞吸积而辐射大量电磁辐射。

反粒子 对每一类粒子（比如，电子）而言，都存在另外一种质量与该粒子相同但电荷与该粒子相反的粒子，这种粒子被称为该类粒子的反粒子（对电子而言，其反粒子是正电子）。质子的反粒子是反质子，中微子的反粒子是反中微子，光子的反粒子就是光子。

角分 1°的1/60。

角秒 1角分的1/60（1°的1/3600）。

天文单位（AU） 地球与太阳之间的平均距离，即1.5亿公里。

大爆炸 宇宙创生时的爆炸。

黑洞 物体经历完全引力塌缩而形成的一个区域，该区域的引力强到连光都无法逃脱。

蓝移 朝我们运动的物体发出的光波长变小的现象。

钱德拉塞卡极限 白矮星能具有的最大质量，大约为太阳质量的 1.4 倍。

宇宙微波背景辐射（CMB） 大爆炸时期残留下来的光，目前由于宇宙膨胀，该光波的温度已经降低到了大约 3 开尔文。

暗能量 具有引力排斥性质的物质，导致了宇宙加速膨胀。

暗物质 无法直接看见，只能通过它对星系中恒星的运动和星系团中星系的运动产生的引力效应而间接观测到。

简并压 当大量的电子（和中子）被限制在很小的范围内时所表现出来的一种量子力学压力。简并压是由不确定性原理和泡利不相容原理产生的。

多普勒效应 由于源（或者观测者）的运动而产生的波长的变化。正是多普勒效应导致了红移现象和蓝移现象。

电磁力 电场和磁场作用在带电粒子上的力（电子和质子带电，中子和中微子不带电）。因为带电粒子会产生电场和磁场，所以可以将电磁力看做是带电粒子之间互相施加的力。

电子 组成原子的亚原子粒子之一。原子由原子核和一个或者多个电子组成。原子核带正电，电子带负电并围绕原子核运动。

事件视界 黑洞的事件视界是周围区域的边界，这个边界以内的光无法逃离黑洞。事件视界以内的任何物体都在黑洞内部，无法逃到外部。

夫琅禾费线 太阳光谱中的吸收线。

广义相对论 爱因斯坦关于空间、时间和引力的理论。在广义相对论中，引力是时空弯曲引起的。

引力 所有有质量的物体之间相互施加的力。除了引力很强的地方必须使用广义相对论之外，其他地方的引力都能用牛顿的引力理论很好地描述。

霍金效应 黑洞发出热辐射的效应。

赫罗图 以大量恒星的温度为横轴，光度为纵轴得到的图。

哈勃定律 星系的退行速度与该星系离我们的距离成正比。这个比例常数就称为哈勃参数。哈勃定律是宇宙膨胀的结果。

开尔文—赫姆霍兹机制 气体在收缩过程中在自身引力的影响下而升温。

克尔公式 通常称为克尔度规，旋转黑洞的数学描述。

主序 赫罗图上大量恒星一生大部分时间所处的位置构成的区域，即恒星中氢聚变为氦的时期。

中微子 不带电，质量极其微小，与其他粒子相互作用很弱的亚原子粒子。

中子 组成原子核的亚原子粒子之一。原子核由质子和中子构成，中子不带电。

中子简并压 见简并压。

视差 在不同的地方观测时，物体的表观位置发生的变化。

秒差距 当在地球的轨道上两个相对的位置上观测时，视差为1角秒时所对应的距离。

泡利不相容原理 特定的量子态上无法容纳超过1个状态完全一样的电子。对中子和某些其他类型的粒子同样适用。

光子 光粒子。

质子 组成原子核的亚原子粒子之一。原子核由质子和中子构成，质子带正电。

类星体 简称为 QSO。非常活跃（并且距离非常遥远）的活动星系核。

红巨星 恒星度过主序星阶段后而处在以氦而不是氢为核聚变燃料的阶段。红巨星的体积比主序星大得多，温度也要低很多。

红移 远离我们运动的物体发出的光，波长变长的现象。

史瓦西半径 对于一个不是黑洞的物体而言，史瓦西半径是其缩小至变成黑洞时，需要达到的大小。对黑洞而言，史瓦西半径是黑洞的引力强到光都无法逃脱的距离。

时空 空间和时间的联合体。时空是所有事件的集合，一个事件是某个时刻上空间中的一个点。

恒星质量损失 由于恒星强烈的辐射导致的恒星外层中的物质抛射。

强力 将质子和中子结合在一起而形成原子核的力。这个力比电磁力要强得多。

超新星 恒星的爆炸。Ia 型超新星爆发是白矮星吸积物质使得其总质量达到钱德拉塞卡极限时而突然发生的热核爆炸。II 型超新星爆发是大质量恒星在演化晚期其铁核达到钱德拉塞卡极限时发生引力塌缩，将铁核变成中子（中子星），并释放大量的中微子。

不确定性原理 对粒子的位置测量得越准确，其速度的测量就会越不准确，反之亦然。不确定性原理带来的一个结果就是，将粒子限制在很小的范围内，粒子的运动就会越快。

盎鲁效应 在真空中做加速运动的观测者观测会吸收对热辐射的效应。

弱力 产生β衰变和与中微子有关的所有的核反应过程的力。这个力比电磁力要弱得多。

白矮星 由碳和氧组成，核反应已经停止，由电子简并压抵抗引力的天体。

推荐阅读书目

我们最喜欢的黑洞科普书：基普·索恩（Kip Thorne）的《黑洞和时间扭曲》（Black Holes and Time Warps）（W. W. 诺顿，1994）

介绍广义相对论基础的很好的书籍：罗伯特·瓦尔德（Robert Wald）的《空间、时间和引力》（Space，Time and Gravity）（芝加哥大学出版社，1977）

对大爆炸的概述，我们推荐史蒂芬·温伯格（Steven Weinberg）的《宇宙最初三分钟》（The First Three Minute）（基础图书公司，1993）

粒子物理学，特别是标准模型在罗伯特·奥尔特（Robert Oerter）的《几乎统一的理论》（The Theory of Almost Everything）（π 出版社，2006）中有非常好的介绍

DNA 结构的发现在很多书籍中都有详细介绍，我们最喜欢的一本是詹姆斯·沃森（James Watson）的《双螺旋结构》（The Double Helix）（文艺协会，1968）

几乎理查德·道金斯（Richard Dawkins）所有的书籍中都有对进化论非常出色的介绍，我们最喜欢的是《自私的基因》（The Selfish Gene）（牛津大学出版社，1976）

以下书籍中都探讨了伪科学的话题：罗伯特·帕克（Robert Park）的《巫术科学》（Voodoo Science）（牛津大学出版社，2000），马丁·加德纳（Martin Gardner）的《时尚和谬论：以科学之名》(Fads and Fallacies in the Name of Science)（多佛出版公司，1957），马丁·加德纳的《科学的好、坏和假冒》(Science Good，Bad and Bogus)（普罗米修斯图书公司，1990），以及威廉·韦德（William Weed）"106条科学主张和鬼话连篇"（106 Science Claims and a Truckful of Baloney)（大众科学，2004年5月）。